原来懂比爱更重要

从 著

U0453576

世界图书出版公司
北京·广州·上海·西安

图书在版编目(CIP)数据

原来懂比爱更重要 / 丛非从著 . —北京 : 世界图书出版有限公司北京分公司 , 2021.6
（2023.9 重印）
ISBN 978-7-5192-8659-0

Ⅰ. ①原… Ⅱ. ①丛… Ⅲ. ①人生哲学 – 通俗读物 Ⅳ. ① B821-49

中国版本图书馆 CIP 数据核字 (2021) 第 121247 号

书　　名	原来懂比爱更重要	
	YUANLAI DONG BI AI GENG ZHONGYAO	
著　　者	丛非从	
责任编辑	尹天怡　刘　虹	
策划编辑	花小川	
封面设计	守　约	
出版发行	世界图书出版有限公司北京分公司	
地　　址	北京市东城区朝内大街 137 号	
邮　　编	100010	
电　　话	010–64038355（发行）　64037380（客服）　64033507（总编室）	
网　　址	http://www.wpcbj.com.cn	
邮　　箱	wpcbjst@vip.163.com	
销　　售	各地新华书店	
印　　刷	唐山富达印务有限公司	
开　　本	880 mm × 1230 mm　1/32	
印　　张	9.75	
字　　数	180 千字	
版　　次	2021 年 10 月第 1 版	
印　　次	2023 年 9 月第 5 次印刷	
书　　号	ISBN 978–7–5192–8659–0	
定　　价	49.00 元	

如有质量或印装问题，请拨打售后服务电话 010–82838515

序

当你遇到自己，你就懂了这个世界

《原来懂比爱更重要》这本书是 2014 年夏天开始策划出版的，精选的是我在 2011—2014 年写的一些文章。

那时候我刚大学毕业，一个人跑到北京闯荡，寻求关于心理学的梦想，开始经历人生最充满激情也最低落的几年。我在一家心理机构做销售，卖一些大师的心理课程。但是我没有人脉，社交恐惧很厉害，没有经验，工资非常少，工作和生活都非常艰难。所以那时候写的很多内容，都是我当时的生活经历和内心体验。

幸运的是有两个方面我一直在坚持。一个是我在坚持对心理学的学习。通过蹭课、读书以及借钱买课和请教他人等方式不间断地大量补充心理学的知识。另一个是我无数次在彷徨的时候，坚持在笔记本上写下"我和我的心理学，一直在路上"。这一强大的信念始终支撑着我。这些学习和思考，也在支撑着我写作，于是我写了大量的文章。

其实说坚持不太恰当。两年里，我换过五份工作，特别喜欢放弃，充满了迷茫。直到最后我发现，其实自己不喜欢的是坐班这种工作方式，于是我成了一个自由职业者，找到了自己喜欢的工作方式。又过了几年，我不再喜欢北京的生活方式,便来到了烟台,过上了一种"面朝大海,春暖花开""择一座城,安静地虚度时光"的生活。

我知道我找到了自己。

九年以来,我整个人的心境、认知,都发生了很大的变化。再读起当年写过的文章,常常有这些文章很幼稚的感觉,就像很多人在翻自己当年的 QQ 空间时一样,无法直视其中的内容。当这本书被预约再版的时候,一开始我是拒绝的,但想到这本书帮助过很多人,全部扔了有点可惜,于是我又开始一篇篇地进行修改。

在这本书里,我对一些个人感觉没有营养的文章进行了删减;对一些无意义的表达也进行了删减;对一些模糊的、鸡汤式的表达进行了深度、细致讲解;对一些感人但不实用的心理方法进行了优化,使它更符合我现在的认知水平。因此,在某种程度上,这本书可以说是一部新的作品。

愿重新读这本书的你,或第一次读这本书的你,能找到自己的成长之路。要相信自己,终能找到属于自己的幸福。那种幸福,不是因为你遇到了谁,而是你遇到了自己;不是你懂了谁,而是你懂了自己。

然后,你就懂了这个世界。

目　录

第一部分

我若懂你，该有多好

第二部分

你若懂我，该有多好

第三部分

懂父母、懂孩子、懂家庭

第四部分

因为懂得，所以才能变得更好

我若懂你，该有多好

第一部分

我若懂你，该有多好

一

我访谈过很多案例，其中人际关系里一种比较普遍的痛苦就是：对方不理解他们，于是他们感觉到委屈、愤怒。

也有些人渴望遇到一个能懂自己的人。他们的想法是：我不要求对方有房有车，我只希望能遇到一个懂我的人。这话说得仿佛懂你比有房和车更简单似的。

我看过一篇很美的文章叫作《你若懂我，该有多好》，其中写道：

> 每个人都有一个死角，
> 自己走不出来，别人也闯不进去。
> 我把最深沉的秘密放在那里。
> 你不懂我，我不怪你。

这让人感觉别人不懂自己好像是个错误一样，甚至到了

"我不怪你"的地步。这篇文章当时非常流行，因为它写出了很多人内心真实的需求：你若懂我，该有多好。

被懂得，那是很多人内心深处的期待。那感觉是我把自己尘封在一个无人问津的角落里，我期待有个人可以悄悄把它打开，期待有人可以透过我无所谓的外在，看到我内心柔软的自我。我不必去言语，他就可以知道并照顾到我的内心需要。那是一份多么美丽的期待。如若这个世界上能有这样一个人，那定是我的知己或恋人。"士为知己者死"，为他付出再多我也愿意。

有的人对被懂的渴望，要比对童话的渴望更强烈。童话我们还知道是虚幻的，被懂得这种感觉，他们却总认为这个世界上真的有人能得到。

二

被懂得固然美好，但那到底是怎样一种美好呢？为什么有的人这么需要被懂呢？

因为别人的懂，可以让我活得更简单：如果他懂我，我就不用思考如何表达了；如果他懂我，他就能高质量地陪伴我了；如果他懂我，就能帮我解决困难了；如果他懂我，我只需要像婴儿一样，呼哧呼哧地喘气，一切需求就都可以得到满足，不必觉得那么累了。

人类不停地提升科技水平，人工智能成为流行，让科技代替人思考，就是为了让人活得更省力。被懂，就是这样一种省力的方式。

那为什么要省力呢？因为一个人太难了，太苦了。苦和孤独才需要别人懂，因为难懂。快乐几乎不太需要别人懂，因为这个太好懂了，几乎不会产生想要别人懂的这种需求来；而且，即使不懂，关系也不大。

被懂得，是人潜意识里想要逃避生活之苦的一种方式。生活越是苦，就越是渴望有人懂我，渴望有个人可以带领我、陪伴我、保护我、帮助我，让我可以重新像个婴儿一样生活。被懂的感觉，就是被宠成孩子的感觉。

婴儿是最渴望妈妈能懂的，因为婴儿对生活是无能为力的。他什么都不行，生存全方位地需要依赖妈妈。婴儿无法言语，所以，妈妈会用天生的敏感和亲子之间的默契来发现他们的需求，完成懂得这一步骤，而后无条件地满足他们。这种感觉是如此之美好，以至于我们在潜意识里形成了一生都想过这样的生活的念头。

被懂，只是你内心的匮乏，一种期待有个人把你当成世界中心的匮乏。

三

然而被懂依然是很难的。"有个人能懂我"，只是个美好的泡沫。原因有：

懂另外一个人会消耗自己。

对妈妈来说，她为了懂得婴儿而付出的代价并不小：妈妈要给婴儿高度的关注，要放下自己的事业、家务，把婴儿放到重要的位置上，要很有耐性地去猜、去学习，去请教有经验的人。

懂的前提就是，以对方为中心，非常重视对方，暂时放下自己的小世界，全心参与到对方的世界里。这对人是很消耗的。

被懂，对你来说是一刹那的快乐。对懂你的人来说，却需要消耗很多能量。

经验有差异。

妈妈要懂得婴儿，就需要自己有被懂得的良好经验，需要妈妈依靠自己分泌本体氨。对妈妈来说，这已经很难了；更别说当你长大后，开始接触社会，开始获得家庭之外的经验时，别人不知道你的背景，不知道你的经历，不知道你的特点，懂你有多难了。如果要别人懂你，就要克服自己的经历给自己的影响这一困难，放空自己。

别人真的难以花费那么大的力气去琢磨你内心的“小九九”。就连你自己的妈妈，也不可能在你长大后依然那么懂你。

四

这并不是说别人懂你是件不可能的事。如若你想让别人懂你，就要学会帮别人节约懂你的成本，包括让别人知道：

你是怎么想的；

你遇到的困难有哪些；

你需要什么；

你为什么需要这个。

比如，你渴望被陪伴。你得通过表达让别人知道：你为什么需要被陪伴，没人陪伴你的时候让你感到难过的是什么，你需要对方什么样的陪伴、怎么陪伴，是陪你说话还是听你倾诉，抑或是给你提建议，为什么你需要的是这样的陪伴而不是那样的陪伴。

听起来可能很难。不就是陪伴吗？这么复杂吗？那当然，每个人对于陪伴的理解不一样，需求不一样，方式不一样。你对自己有多陌生，你表达起自己来就有多困难。你有多懂自己，就能从多少个方面表达自己。

这就像你给别人讲一道数学题一样。你有多熟练，讲起来就有多轻松。而你如果只懂一点儿皮毛，就会责怪学生笨。

当然，你这么表达了，别人也不一定会懂，但会增加懂你的概率。有的人没有懂你的心，有的人则没有懂你的情商。更精确的表达，只是帮助那些愿意懂你的人更好地懂你。

幸运的是，我相信这个世界的善良，当你去表达自己内心的苦楚时，还是有很多人愿意去懂你的。前提是，懂你没有给别人带来太大负担。

不要觉得一个人爱你就愿意花精力去懂你，在这种索取里，再多的爱也会被消耗没的。

五

然后你会发现，自己懂得自己后，其实别人懂不懂你已经不重要了。比别人是否懂我更重要的是，我是否懂自己。你才是最可能懂你自己的人；你才是那个"你若懂我，该有多好"的人；你才最了解自己心底的想法，最知道自己心底真实的秘密，是最不会欺骗、背叛和离开自己的人。

你会发现，其实和自己交流是最美妙的事情。我们之所以渴望有人懂我，是因为我们不懂自己。

当你能够懂自己时，你就可以找很多的方法来为满足自己内心的需求而努力。你若需要陪伴，而且知道自己需要什么样的陪伴、为什么需要陪伴，就会知道怎么找到这样的陪伴。你如果需要安慰，并且知道自己需要怎样的安慰、为什么需要安慰，就能很容易地找到相应的安慰了。

懂自己的过程，就是长大的过程，就是成熟的过程。你会以一个成人的眼光看待世界，而不再期待着世界上会出现一个人能像曾经的妈妈一样来无条件地了解你和满足你——你可以成为自己的妈妈。

六

当你能够懂自己，也能跳出来看看这个世界、看看真实的他人时，你会发现：

你并不是世界的唯一，所有人都一样。当人们长大后，每个人都是作为孤零零的一个人存在于世界上。每个人都渴望回归婴儿时期，都渴望有人无条件地懂自己。无论男人还是女人，都渴望被重点关注，都希望有个人可以在自己不需要努力通过语言和行为表达自己的时候就能满足自己。

这时候你就会意识到：

如果他来懂你，谁来懂他？你们这两个都需要被懂的人，谁先满足谁呢？

每个人都只能对自己负责，也都可以、应该对自己负责。

你如果想去爱他，那么可以用一个成年人的眼光去看待他，不再把自己封闭在某个角落里，把心打开，然后去感受他的呼吸、他的心跳，带着好奇和他建立联系，感受他的内在。你会发现，他也有颗脆弱的心等待着你看到。你会惊讶于人性的脆弱，你会心疼，你会感动，你会想像妈妈一样爱护那颗脆弱的心，就像你看到路边酣睡的小猫一样，忍不住去抚摸和照顾。然后，你就成了懂他的那个人。

结果便成了：我若懂你，该有多好。

一颗被懂的心会慢慢被修复，还会变得柔软，进而愿意向别人敞开，像一只被放到安全环境里的小乌龟一样，慢慢探出头，望望这个世界。所以，他在内心的需求之壑也被填满的时候，就会反过来走向你、看看你，于是你内心的那个洞会被填得更满。

这才是真正的爱：杯满自溢。然后对方的水杯也会被装满爱，并反哺于你。

七

两个人同时成为成年人，是极难的事。遇到愿意一时把你当宝宝的人，你就是幸福的人。没有人能一直懂你，但通过表达，你可以让别人在某一时刻懂你。通过从你自己的那个角落走出来，你可以看到别人，懂别人。

人世间的美好，无非就是：

被别人懂；

懂自己；

懂别人。

只有第一个的是婴儿，只有最后一个的是圣人，三个全有的才是正常人。

最初那个呼喊"你若懂我，该有多好"的人，不过是个躲在角落里索取的人。与其这样，不如走到阳光下，做个付出者，做个照亮角落的人，这样的话，你就是全世界最富有的人。

"你若懂我"始终不如"我若懂你"和"我能懂你"来得好，不如后者让人觉得美妙。

他对我很好，
可我爱不起来

一

有一种人会对你很好，好到让你感动，但你就是没法爱他。

我有一个朋友，单身女性，她谈了一个男朋友。男朋友会接送她上下班，会送她礼物，会关心她的生活，会修灯泡、马桶，对她很好。男朋友想结婚，可是她却很犹豫。她觉得：他虽然很好，却非常不上进。对于事业，他满足于现状，经常打游戏、打牌，幻想一夜暴富，特别不切实际。她很清楚地知道这个男朋友不是自己喜欢的类型，但是又放不下，也不忍心放下。

这种现象不仅在恋爱时存在，其实在婚姻中也大量存在。我访谈过很多拥有安全型婚姻的人。他们普遍认为，对方对自己很好，温柔体贴，百般照顾，宽容理解，但自己就是感觉没有激情，非常绝望；对方越是对自己好，自己越是感觉彷徨。这个现象普遍存在，不分性别。

跟一个"好人"在一起久了，对方于你而言就更像是一个特别好的陪伴者。这让你感到很安心，但也很孤独。我把这种感情叫"安全型"，意思就是：他对你很好，可以照顾好你的身体、生活，让你不用操心，让你觉得生活很安全、很踏实。

但是他不能带给你心动，不能带给你激情，当你觉得无助的时候，他会让你觉得安心。但当你恢复到正常状态的时候，你又会觉得他乏善可陈。你无法对他动心，无法对他产生爱情。你觉得这不是你要的人，想放弃。

二

当你想放弃的时候，理性又在说：我不能。因为：

1. 这样的自己太坏了。人家对我这么好，我却想放弃他，这样多伤害人，这样我就是一个坏人了。

2. 他是个靠谱的人，错过了可能就真的没有了。万一我再也遇不到对我这么好的人了怎么办？

3. 感情是个不可靠的东西，他的硬性条件和性情却是稳定的。

4. 朋友亲人们都说他好，值得我去好好珍惜，既然在一起了，为什么要随便分手？我不想成为一个随便的人。

当你脆弱的时候，你想，他是一个可以依靠的人；当你平静的时候，你又很想放弃他。可是你跟他始终无法有更深入的交流，走不进彼此的内心。你开始不甘心：难道我要这样过一辈子吗？

可是痛苦依然无法避免。理性并不能说服你自己，因为你的感受在很清晰地告诉你：你，不，爱，他。你只是需要他的好。

然后你也会怀疑自己：

是不是我在无理取闹？

是不是我要求太高了？

是不是我有问题？

三

你当然可以跟这样一个人结婚，或者继续跟这样的人在一起。你要知道的是，感情是有很多层次的。你为那部分好所感动，那就是爱情。只不过那只是爱情的一种，是爱情的一个层次。

每个人在亲密关系里的需求都是不一样的。人喜欢将意识领域划分为身、心、灵三个部分，也可以按照这种方式大致将亲密关系（或者说亲密关系里的照顾）划分为三个层次。

第一个层次，身体层次的亲密，或者说是物质、现实上的照顾。你们在一起生活，你在生理上得到了满足，他对你很照顾，对你的身体也很照顾：买菜、做饭、端茶，生病时呵护你，有事时第一时间赶过来陪你。这种亲密是清晰可见的，它表现在物质、现实和身体的层次上。

第二个层次，情绪层次的亲密，或者说是情感、心理上的照顾。当你累了，他能给你温暖；当你受委屈了，他能给你抚慰；当你遇到挫折了，他能给你支持。你的情绪他能懂，你的心思他知道。你不快乐，他有办法让你快乐。他会哄你，能懂你。跟他在一起的时候，你感觉很踏实、很安全、很温暖、很幸福。无论走到哪儿，你都知道有个人在牵挂着你、支持着你，你不会觉得自己是在单打独斗，不会觉得孤单。他能走到你心里去，照顾到你的心灵。在这种亲密关系里，你们可以体验到一种叫作"爱"的连接感。

第三个层次，精神层次的亲密，或者说是灵魂、灵性层次上的照顾。听起来很高级，实际上很日常。就是你们脱离了情感层次，作为两个成年人可以交换自己的观点，达到一种共鸣。你们可以看同一部电影，然后交换彼此的观点。你们可以讨论很深奥和哲学性很强的话题，可以争得面红耳赤。你们对彼此的思想感兴趣，对学习感兴趣，对人生和发展感兴趣，对彼此的事业感兴趣。你们在关系里相互依赖、在专业上相互争论、在领域里共同进步。你们会有不同的意见，会有争吵，但你们只是在共同追求真理。你们爱讲道理，但道理不是关于生活的，而是关于人生、哲学、艺术的，交流时心灵相通的那一刻真的很让彼此愉悦。

第一种人容易遇见，因为很简单。那些在追求"懂我"的人，如果是要"懂我的小情绪"，那就是想遇到第二种人；如果是想"懂我的思想"，那就是想遇到第三种人了。

四

你可以据此判断，你想要的是怎样的亲密关系。

如果你对自己的身体、生活是敏感的、无能的，你觉得你非常需要有一个人照顾你，你照顾自己的能力非常差，有点生活无能，那第一种人就完全可以让你感觉到被爱。如果你和伴侣的亲密关系处在这种层面上，你就不要去考虑别的了。

如果你是个能够照顾好自己生活的人，却不能照顾好自己的情绪，你就会对能照顾你情绪的人敏感，开始爱上这种能懂你的小情绪的人。被安抚，对你来说就特别重要。

对方对你的迁就、安慰、哄和主动，让你颇为受用，让你感觉到自己在爱着他。

但你如果对照顾好自己的生活和情绪并没有那么在意，就会对"是否有共同语言""是否有共同价值观"比较在意了。比如，你们是否都是上进的人，是否对人生有着共同的理想，是否想过同样的生活，等等。

选择对的人，实际上就是找出你更在意什么，然后去找到能在这一层面上跟你产生共鸣的人。

也许这些你都想要，实际上你可能很难同时得到。你的能量聚焦于哪个层面，你就会更在意哪个。能在你更在意的层面上照顾好你的人，就是最适合你的那个人。

当感情走到了尽头时，不要总想着放手。你可以去问问自己的心，你真正想要的是什么。当你问出答案后，就可以

去做决定，去判断出现在你生命里的这个人符不符合你的标准，然后再决定要不要跟他走下去。你选择什么样的结果都是可以的，但是记得要为自己的选择负责。

回到最初，当你知道自己想要什么的时候，你就可以打破思维的禁锢，打破自己规条的束缚。你会发现这个世界上没有什么是应该与不应该的，想要什么而不去追求才是最不应该的。

当感情走到了尽头时，不一定是无爱了，也可能是你没有得到你想要的那种爱。**痛苦是因为你没弄清楚自己到底想要什么。一旦弄清楚，就可以明确地做出判断：是你想要的，就选择继续；不是，就勇敢地分开。**

带伤的人，
是拒绝被靠近的

跟一个若即若离的人谈感情，是一件很受伤的事。

你们之间的距离，就像冬日里相互取暖的刺猬一样。当你靠近，他就远离；当你远离，他就靠近。你对他很好，你很想跟他走得近一些，想温暖彼此的内心，但是当你靠近的时候，他似乎又在逃避，拒绝你的靠近。他有时候情绪会很差，莫名其妙地对你发脾气；有时候还会对你爱搭不理，他想用这样的方式来拒绝你的靠近。可是当你犹豫着要不要放弃这段关系的时候，他又来找你，而且会对你很好。

有时候你会觉得，这样鸡肋的感情拿不起、放不下，非常疲惫。

倘若他说你们可以一辈子走下去，那么你会觉得自己付出再多也是值得的；倘若他说你们不合适，你再伤心、再难过，难受几天也就过去了；倘若他告诉你他有什么顾虑和遇到了什么瓶颈，那你们还可以一起去克服这些困难，有了走向未来的可能性。可是他什么都不说，连个态度都没有。

你开始怀疑他是不是在戏弄你的感情。为什么你一片真心，却仍然走不进他的心里？

一个人不爱你，你可以轻易就感觉到。但是一个人若即若离，其实是因为他想爱你却又不敢爱。

因为他害怕，他有伤。一个拒绝被靠近的人，就像一艘带着伤航行在大海上的船。

这些伤可能来自他的前任，他曾经那么信任一个人，那么愿意为一个人付出，那么愿意坚信两个人必然会在一起，可是却遭受了深深的伤害。于是他告诉自己不能再动心，以后无论他多爱一个人，都不会再那么信任对方，那么毫无保留地付出了。从此，他锁上了自己的心门，不允许任何人撬开。或许时间久了，他也早已忘记自己的心扉上了锁。从此之后，他害怕别人走进他的心，因为那意味着受到伤害。

这些伤也可能来自他的家庭。单亲家庭里的孩子常常会潜移默化地被灌输"男人不可信"或"女人不可靠"的观念。那么男孩长大后就会拒绝女人走入他的内心。他可以跟你很好，但是你却总觉得跟他有一段跨越不了的距离。成长于受过伤的家庭的人，常常会有扭曲的价值观。他可能因从小目睹父母感情破裂的悲剧，内心已种下了对感情恐惧的种子。

这种伤害甚至只与自己有关。害怕真实的自己被暴露，从而不被喜欢。这种伤害来自从小就隐瞒真实的自己，在外人面前只允许自己表现出优秀的那一面。

当你尝试靠近他的时候，他的感觉并不好。或许他没意识到自己是怕受伤，他只是感觉到很不舒服、很不自在。这种感觉，就像是自己的世界被侵犯了一样，失去了自我和自由，像是被束缚、被控制住了一样。因为你作为一个外来体，并不是他的一部分，他会拒绝你进入他的内心。简单来说，你给他带来的并不是安全感——能让他感觉到无论他展示哪一面，无论他怎么表现，你都会笑着接纳的安全感。

带伤的人是拒绝他人走近自己的。当你尝试走近他的时候，会激发他全部的防御系统，触发他的不安全感，这是他潜意识里的反应直接引发的行为，或许他不想这样，但是他控制不住。你对他越好，他越是感到害怕，他害怕你走进他的世界，害怕你伤害他，害怕你因为知道了真实的他而不喜欢他。所以为了有安全感，他要保持和你的距离。

当他害怕的时候，他的脾气还会变大。他骂你，冲你发火，说难听的话刺激你。其实他的目的只有一个：他想用发脾气的方式来控制距离，来阻止你走得更近。你不要多想，其实他只是想给自己一个安全的距离而已。

如果他是一个善良的人，他会选择直接逃避，对你的好表现得很无所谓，甚至拒绝你的好，还经常对你不理不睬，假装把你遗忘，经常"放你鸽子"，把你晾到一边。他所有的行为只是想告诉你：你在他心里其实没那么重要，你们的距离还没走得这么近，他不会把你放到第一位。

然后你就会感到很受伤，你觉得自己付出的是真心，得到的却是满身伤痕。**你觉得自己一直在努力，并且已经很努力很努力了，可是你就像在压弹簧一样，付出的努力越多，**

受到的阻力就越大。当你开始看不到希望的时候，你就想放弃努力了。

很奇怪的是，这时候他又会主动来找你，好像什么事都没发生一样。他依然对你说笑，依然对你好，依然找你玩。只是当你谈到那个敏感话题的时候，他依然支支吾吾，拒绝回答。于是你开始纠结：他为什么还要对我好，使我无法放手？

因为他是爱你的，当他不恐惧的时候，他想好好爱你。当他感觉安全时，他是可以付出爱的。他并不想失去你，所以他要留住你，他也不想让你伤心，所以想对你好。每次他对你不好的时候，其实他也是很内疚的，因为他并不想那样，他只是控制不住自己的反应，所以他想好好补偿你，对你好。

可是当他对你好的时候，又再次点燃了你的希望，你又想重新走入他的世界，但是他又开始冲你发脾气或不理睬你，进入又一个循环中。你们的关系就像一场拉锯战，总是保持着那个距离，没法更近，也没法更远。

你讨好他，对他好，他就指责你，对你不好；你绝望地离开，他又来讨好你，对你好；你再讨好他，对他好……就像一个闭环一样循环往复。

对于他的恐惧，你没有别的办法，只能用你的爱来消释。

你能做的，就是当他对你好的时候，也同样笑着对他好；当他对你不好的时候，透过他的行为看到他内心深处的恐惧，然后再对他更好。当他通过各种行为来保持距离、拒绝你靠近的时候，你只要静静地看着他，就可以看到他的这些行为其实并不是在针对你，而是他脆弱的部分在无力地呐喊，你不需要认同他的这些行为，因为这些与你无关，这只是他自己的恐惧。同时你不需要感到沮丧，他的恐惧只是在呼喊爱，呼喊安全感，你可以把他看成一个小孩子，他只是在用这种方式保护自己，而他需要却又不相信别人的保护。

当你的爱大过他的恐惧时，你就可以突破这道障碍，走到他的心里去了。

但这样对你的要求会非常高，你会爱得非常累。如果你没有做好迎接这种持久战的准备，我是建议你不要轻易去尝试的。毕竟，你也很重要，你心里的冰块也需要被融化，没有谁有义务去融化谁内心的寒冰。

当我们看不惯的时候，
我们身上发生了什么？

一

看不惯是这个世界上非常令人匪夷所思的事情。用通俗的话说就是：别人怎么样，关你什么事？

有些事似乎从逻辑上找不出对你的必然影响，但我们似乎就喜欢看不惯。比如，看不惯别人嘚瑟，看不惯别人过得比你好，看不惯别人运气好，看不惯别人财大气粗，看不惯别人游手好闲，看不惯别人不怎么努力就有钱。如果说这些看不惯是因为嫉妒，那么还有些看不惯就不是那么容易理解了。比如，看不惯别人"铺张浪费""占小便宜""自私自利""阿谀奉承""虚伪做作""斤斤计较"等。我们仿佛把自己当成了救世主，要把他们的"错误"行为一一掰正过来。

我们表达看不惯的方式，通常也很有趣。比如，不屑一顾：你有钱又怎么样，你这种人渣，我根本看不起你。比如，诅咒别人：你这样迟早会吃亏的，你这样的人肯定不会成功，迟早会遭报应的。

如果我们去观察，就会发现事实常常不是那样：当我们看不惯的时候，我们自己脸红脖子粗，但是该怎么落魄还怎么落魄。而我们看不惯的那些人，依然逍遥自在，不亦乐乎。

所以，我觉得很有必要去反思一下人们常说的这句话："你看不惯，是因为你的修养不够。"

二

首先，看不惯是自我中心的一种表现。自我中心就是：把自己信奉的价值观当成了全世界的中心，希望全世界的人都这么做。而且把自己信奉的价值观当成了绝对正确的价值观，只要不同意这种价值观，就是错的，这些人也肯定会有不好的下场，就该被看不惯。

所以，我们可以去问一下自己看不惯什么，然后去听听自己的看不惯背后的规条是什么。

如果我们看不惯别人铺张浪费、自私自利，那么我们背后所信奉的规条可能就是"人应该勤俭节约、乐于分享"，并且觉得这是绝对好的、正确的。如果我们看不惯别人的虚伪做作，那么我们背后所信奉的规条可能就是"人应该真诚"，并觉得这是绝对好的、正确的。

其实规条和正确与否没多大关系，问题是：我们会把别人的行为定义成错的、不好的，不如自己的，然后我们就会用表达看不惯的方式来要求他人放弃自己的价值观，认同我们的价值观，并且按照我们的价值观来做。这，不就是自我中心主义吗？

有的人还会看不惯那些"富二代""啃老族"，觉得他们没志气，并诅咒他们"迟早坐吃山空"；"富二代"们又会看不惯那些底层男不敢投资，瞻前顾后，为贫穷的现状找借口。有的人看不惯90后的张扬和矫情，觉得做人应该低调务实；90后又会看不惯大叔们的死板和守旧。正所谓"你看不惯的人也正在看不惯你"。

那么，究竟谁对谁错，谁好谁坏呢？谁该按照谁的价值观来生活呢？谁的活法才是最"应该"的呢？

其实没有什么是应该的。每个人所处的时代、家庭、背景都不同，这使他们养成了不同的生活习惯、具有不同的行为作风和思考模式，每个人都有自己的命运。每个人都应该被允许有所不同，都应该被尊重。**也许你的道德标准教会了你好坏对错，但是道德不是用来强迫人遵守的，而且不同的文化具有不同的含义。**

一个有修养的人不会有这么多的看不惯，是因为他懂得尊重他人和自己的不同。他会坚持自己的价值观，但同时也不会把自己的原则当成世界的中心，要求别人来遵守。

连法律都不会强迫人去遵循什么价值观。法律只是在人们违反它的时候给予惩罚，但它无法让所有人都不违法。你不是神，不是法，你只是在用看不惯来惩罚他人。当你开始评判时，不符合你标准的就被你在心里指责，你就会产生情绪。而这些因为看不惯而产生的烦躁、生气、委屈等情绪，折磨的其实是你自己。

三

其次，看不惯是一种索取。看不惯的本质就是对自己自我价值感低的愤怒，这种愤怒促使我们想从别人身上得到一点价值感。如果我们不能证明自己是对的、是好的，起码我们要证明别人是错的、是差的。

如果你去聆听，看不惯就是在说："你这太不正常了、太低级了、太不好了。你的这些行为和思考方式都是错的、不好的，都不如我的高级。"通过这样的心理游戏，就成功地完成了对他人的否定和打击。

这是人们喜欢跟自己玩的自我价值感的游戏：如果他人不能主动来证明我是好的，我就必须主动出击来向他展示我是好的。比如，通过否定和打击来完成。虽然这样也无法改变事实，但起码我在自己的心理世界里完成了"我比你好"的建构。因此看不惯就成了如果我不能比你好，我也要假装比你好。

这种欺骗的奇妙之处就在于：全世界只有你自己相信了这个假装是真的。这感觉就像是你偷铃铛的时候把自己的耳朵堵上，这样你就听不到铃铛的响声了，并且，你自己也相信了这个谎言。

所以，那些自我感觉良好的人很容易对别人看不惯。他无法证明自己的好，就只能通过证明别人不好来感觉自己的好了。

而且打击完了对方他们并不会罢休，还会发展出一个期待：希望对方认同自己的活法，以再次验证自己的活法的正确性。

四

看不惯就是在自己的世界里自导自演的一场心理戏。最终结果就是：你做得不好，不符合我的原则，我就用生气、烦躁、鄙视、诅咒、看不惯等一系列情绪来折磨我自己。

即使你对了又怎么样呢？你还得拿出精力来关注别人做得怎么样，做了什么，你还得优雅地控制自己的情绪。你需要分散出这么多的精力，而你看不惯的人却在快乐地做着自己的事。

其实，没有人会让你看不惯，除了你自己。

看不惯只是在跟自己战斗，在自己的世界里完成了假装比别人好。只是，你要假装到什么时候呢？

你其实可以做一个新的决定：

那些让你看不惯的人，其实都是来帮助你修行的。帮你看到自己正在坚守着哪些固有的规条，帮你看到你是怎样跟

自己玩价值感的游戏的。如果你愿意，你还可以借着看不惯的时候更加了解自己，然后重新选择，是否依然要坚守自己的规条。如果你要坚守，很好，但请允许别人不必也像你一样认同并坚守你的活法。如果你不再坚守，也很好，你可以去尝试另外一种看待世界的方式，向那些你看不惯的人学习一下：他们是怎样在这种价值观的指导下，依然活得很好的。

五

当然，你也可以继续看不惯，认为都是别人的问题，或者看不惯别人看不惯你。每个人都有自己的命运，我尊重你选择价值观的权利。

这并不影响别人会很喜欢你。

因为别人就是喜欢你看不惯他，又不能把他怎么着的样子。

我们要不要戴上面具来适应社会

一

朋友说他生活得特别累。在社会上混，不得不学会伪装自己，戴上面具去生活。朋友还说，他知道自己的缺点，只是不想去改变，不想变得不像自己了，害怕自己变得世俗。那些阿谀奉承的人，他学不来也不想学。

于是，我看到的情况就是，他一直在逃跑：期待换个环境，在这个地方大家可以和谐地表现自己而不必伪装，充满了开心与温暖。可是他始终没有找到这样的环境。

性格面具就是你要在别人面前呈现出来的样子，类似于印象管理。你想通过刻意地做一些事情，让别人认为你是一个什么样的人，对你有个好印象。这在职场上、社会上再常见不过了，那种见人说人话、见鬼说鬼话的人通常都能拥有较好的人际关系，也总是会被一些人看不起。

如果说改变，其实谁都不想改变。我们都想由着自己的性子来，希望别人可以接纳真实的自己，自己就可以放心地敞开心扉，和谐地和别人相处了。

朋友与我探讨了很久什么是"真实的自己"。

他认为，真实的自己就是不主动、不强势、不争强好胜、不计较、不受委屈、腼腆，这就是他所谓的真实的自己。那么相应的，明明讨厌一个人还要笑脸相迎、明明有人讨厌自己还要假装没事、明明某人在暗地给自己穿小鞋还要假装感谢，这些都不是真实的自己。在他眼里，那些跟自己不一样的人都是坏人。于是，他扛着"道不同不相为谋"的大旗来成功地与一些人疏离，当这些人过于强势的时候，他表示既不愿意争斗，又不愿意委屈自己，于是只好辞职离开。

他只想做回真实的自己。

聊着聊着，我发现他会把自己某一部分性格等同为全部的自我。也就是说，只有性格 A 才是真正的我，你只有接纳我的 A 性格，你才是接纳我的，我只有表现出性格 A 来才是真实的我，其他的都不是真实的我。举个极端的例子就是：自私才是我的本性，可是我在社会上生存就必须遮盖自己的自私，戴上善良的面具强迫自己善良。假装善良的我不是我，只是我被迫学会了伪装。

我还发现，他很聪明地意识到自己的缺点却不愿意改正，因为他认为改正就是失去自我，变得不像自己了。换个说法就是，他认为，如果性格 B 是适合社会生存的，他就必须学会 B，学会 B 就意味着放弃 A。于是，他就成了 B 一样的人而不再是 A 一样的人了，因此他觉得自己很委屈。因为在他的世界里，人只能有一种性格，非 A 即 B。

然后，我给他讲了一个不是很好笑的笑话，他听完后居然笑了起来。

一个人出生在官方语言为中文的国度，他认为讲中文的他才是真正的他。所以，他要坚持做自己。当他遇到美国人的时候，他发现彼此的语言是不同的，可是他又不愿意放弃自己的语言去使用英语和美国人交流。于是，他认为他与美国人"道不同"，他又发现他不能很好地和美国人交流使他很痛苦，他很纠结，要不要为了适应美国人而放弃自己的语言，使用美国人的语言交流。如果这样，他认为他可以活得很好，但是这样却不再是他自己了。所以，即使痛苦，他也不愿意改变，他坚持原来的自己，只使用中文交流，并远离那些和他语言不同的人。与此同时，他还很看不惯那些见风使舵的人，认为他们居然见什么人就用什么语言交流，只知道迎合别人，虽然他们这样做会有很好的人际关系，但是他依然对他们很不屑。

朋友笑是因为他不认为语言和自我有什么关系：你使用什么语言都不影响你还是你自己，你使用其他语言不代表你就放弃母语了，自己讲不好英语还看不起别人讲得好，真是有些搞笑。

可是性格又有什么不同呢？

不主动、腼腆才是自己。外向、低头、拣别人喜欢听的话说就不是自己了吗，就成了戴上了面具吗？我们之所以称其为面具，是因为我们不接纳自己是这样的人，然后又屈从于环境不得不做这样的人。归根结底还是对自己不接纳的一种自我强迫。

二

有原则的我是我，没原则的我也是我；内向的我是我，外向的我也是我，我的本质都没有任何变化。我只是多掌握了一种性格，在不同的人面前展现不同的性格而已，这些都是我。我在某人面前外向，不代表我就不再是内向的人了；我讨好某人，不代表我就是一个没有尊严的人了，我的自我并没有发生任何变化。

性格不是只有一种，从某种程度上来说，我们都是人格分裂者。我们的人格会在不同的情境下有不同的表现，就像我们在家里和在单位里的表现与性格是不同的一样。面对朋友、父母、恋人和陌生人的时候表现得也不一样，在安全的环境、陌生的环境及正式的环境中又不一样。我们正是因为运用了不同的人格侧面才得以存活到今天。但是，假设你有多重人格，而且这些人格不能自由切换，是分开的、相互独立的，那这就会形成多重人格障碍了。而作为正常人的我们，是有能力自由管理这些人格的。

因为性格属于我，但不是我。我就像管理我的情绪、想法、衣服、语言一样管理着我的人格特质，并且偶尔犯傻的时候把这些当作我。就像某些时候，有的人说我的衣服真好看，我就感觉他是真的认同了我的本质一样。

我不仅可以拥有很多性格，而且这些性格都只是我的一部分，并不是我的全部。当我被接纳时，并不是只有我的某一种性格被接纳，我才是被接纳的；当我不被接纳时，也不是我的某一种性格不被接纳我就是不被接纳的。人们不喜欢你的某个方面，并不是不喜欢你这个人了。就好比我妈妈不接纳我的爱好，但这并不影响她喜欢我和接纳我这个人。我只是拥有我的性格，但我不是我的性格，就像我拥有我的语言，但我不是我的语言一样。

性格也是习得的。不排除有些遗传的因素在里面，但大部分是后天习得的。可能你生长在一个比较严厉的环境里，所以比较内向。可能你受到的教育是要你学会为自己争取利益，你就习得了强势。这是我们从小习得的性格，像我们的母语一样。等我们长大了，也可以学习另外一种语言，学习另外一种人生的活法，学习赞美别人，学习为了照顾别人的感受而说谎，学习接纳和宽容，等等。我们习得这些，并不会改变我们的本质，也不会使我们原来的性格消失。我们有了多种性格，使得我们的人生更宽广、更丰富了，技能更多了，我们懂得，面对不同的人时，可以用不同的性格来与他们交往。这不是一件很好的事情吗？

所以，无须改变性格，我们只是增加了一部分内容而已。面对说不同语言的人，我们可以讲不同的话、使用不同性格了。你从来不需要改变自己去适应什么，你只是在选择不同的生活。

我们每个人生来都相同，同为这个宇宙生命力的见证。我们每个人在本质上都是一样的，只是环境和教育造就了不同的性格。同时，我们也可以发展出自己喜欢的性格。我们不需要期待别人改变性格来适应我们，就像不需要要求别人来学习我们的语言与我们交流一样。

除此之外，不愿意改变的原因，大约就是懒惰了。因为性格的习得需要付出与努力，就像学习一门新的语言一样。当然，你愿意只跟与自己合得来的人相处，只跟和自己语言相同的人相处也无妨，后果无非是你只能见识到你可见的世界里的人，看不到其他的风景而已。

而那些"没有原则"的"交际花"，他们并不是没有自我，他们只是比你多掌握了几门语言而已。

而你，之所以觉得那是面具，从某种程度上来说，只是逃避适应环境的一种借口。

你说得很对，
但是你的表达方式让我不舒服

一

我见过很多聪明人，他们思维敏锐，逻辑性很强。当他们开口时，你会发现他们的言语非常有见解，甚至深邃而独特，经常会让你暗暗佩服。但是当他们说到你的时候，你反而会觉得不舒服。你会觉得他说得似乎都对、都在理，自己也无法反驳，但自己就是不愿意接受，感觉特别不舒服。

这种不舒服就是因为"我感受到了你的攻击性"。

生活中总能遇到这样一类人，无论他们怎么掩饰，面色怎么和蔼，你都能嗅到他们身上的火药味。即使你们在很客观地讨论问题，你也能感觉到他们身上有一种莫名的情绪。这种情绪你们无法去谈论它，但是又无法忽视它。这时候你的情绪也会被他唤起，你会觉得很反感，甚至愤怒。这样，借助于你情绪的被唤起，你们之间就产生了某种共鸣。

在你们的沟通中，说了什么只是一种形式。说了什么并不重要，互相传递攻击性，在气势上压倒对方才重要。你们表面上是在探讨问题，实际上却是在各自证明自己的正确性并维护自己的尊严，想抢得正确的制高点，以捍卫自己内心仅存的土地。

这就是为什么有时候你明明在跟一个人讨论问题，却总感觉不在一个维度上，因为情绪卡在那里，暗流涌动。

二

之所以会有这种涌动，是因为沟通者并不是真心想沟通，而是想证明自己。

我在刚开始学心理学的时候，经常参加关于心理学的聚会。有一次，在一个聚会上，朋友 A 和 B 展开了几句很有情绪的对话。我先是在心里默默嘲笑了其中一位，然后又根据"你所看不惯的其实是你正在做的"的理论，嘲笑了自己一把：

A：我是一名心理学爱好者。（他经常这样自谦）

B：我是一名心理学老师。（他真的在中学教心理学。）

A：我们都把自己称为心理学爱好者，你却把自己称为心理学老师，你就是想显得比我们高级呗……

B：不是这样的，事实上我一点都不喜别人叫我老师……

A：我觉得你这就是在阻抗！一点都没有去反思自己的问题！

"你这是在阻抗"是心理师们常开的玩笑。当心理师们遇到挫败的时候，会把问题归因于来访者，而这是心理咨询的大忌，所以，我们常用这句话来开玩笑。但是当这位心理师很认真地说出这句话时，还是让我大跌眼镜。

我很想评判他，但是我忍住了。我觉得一个心理师怎么可以如此幼稚、无知和固执，怎么可以有这么强的攻击性?！

然后，我又觉察了自己的想法，就又开始嘲笑自己：你嘲笑他，不正是你也在对他做他正在做的事情吗?

是的。我也常常跟人争论，也常常失败，然后也会以看不惯、鄙视、否定、狡辩、不屑等方式来完成攻击。我常常觉得对方有问题，却不愿意看到自己的问题。虽然我没说出"你这是阻抗"这样的话来，但我想到的和这句话却没有什么两样。

我和 A 同学一样，**比起说什么来，更想在沟通中证明自己是好的、对的。一旦证明失败了，攻击性就会出来。**

以前在接受心理训练的时候，有过一个"你为什么想成为心理师"的动机训练。我曾经很鄙视那种为了"看起来很有智慧"而去做咨询的人。但是经过自我反思，我发现我也是这样的人：为了显示我是对的，我知道很多，我掌握了真理，我明白潜意识的动力，所以，我要通过各种对他人的"野蛮分析""传播真理"来让人们对我有一种我"拨开"了笼罩在他们脑海中的"云雾"的佩服感。我把价值感建立在证明"我是对的""我是睿智的"这一基础上。**当人们没有主动这么表扬我的时候，我就要主动出击，主动去发现别人的错误，主动给他们指出来，并且我常常以"为你好"的名义**

来指出他们的错误。有些人会很配合我，若有所思地认同了我，从而强化了我的形象。有的人却不配合我，这让我很生气：那么多人认同我，你凭什么不认同我，肯定是你有问题！

而且当争论没有结果的时候，我为了维护自己是"对的"的地位，常常会展开第二波攻势，拼命地证明对方是错的：你这么做哪哪儿不好，你的观点和思想哪哪儿有问题，你做的这件事错得多离谱以及有多不值得。我会利用我庞大的知识体系和"杀盗非杀人"的强大逻辑来证明自己的正确性，直到对方哑口无言或双方陷入僵局。

三

觉察是一种很好的修行方式。当我开始觉察自己内心的活动时，便可以看到自己内在的攻击性。

我用了很久的时间去承认这样的事实：我是一个逻辑良好，但很有攻击性的人。

我也用了很久的时间，承认了另外一个事实：还好我有觉察能力和自我反思能力，这让我不至于陷入极端。

攻击性不过是想证明自己是对的，借以展现自己的价值。当不能证明自己是对的的时候，至少要证明对方是错的；当不能证明对方是错的的时候，至少自己要在心里这么觉得。攻击性就是通过这样一系列的心理游戏来让自己产生优越感的。

然而对方到底是怎样的，我全然不知。他人表现出来的都不一定是真实的自己，我观察到的他人的表现更难以让我确认是不是他真实的自己。我用自己的经验和体系给他人贴上了对或错的标签，过早地得出结论，只能说明我当时是一个很肤浅的心理师。

一个人要证明自己是对的、好的，就说明他内在并不确认这样的自己。所以，攻击性也是用来防御自己不好的方式，是保护自己的方式。不能攻击就意味着糟糕的自己要出来了。为了避免体验到糟糕的自己，他就会自己先出击，或者，为了避免自己被否定，要先用攻击的方式告诉别人：我真的很棒！

四

因此要完成良好的沟通，必须先检查自己内在是否有攻击的冲动，是否有想证明自己很棒的冲动。

在我们和陌生人、朋友、同事、恋人、亲人等的关系里，我们要与他们对话，必然要先建立连接，这样才可能和他们有好的交流。而建立连接首先要有平等与尊重的态度。

带有隐藏攻击性话语的沟通，只会让对方陷入防御和反击的状态中，以至于不去思考你说的内容。只有先建立好关系，对方才可能把你的话听进去。

而让对方听到甚至听进自己的话，从而采取或至少考虑自己的意见，其实也没那么难。

第一，觉察。

你可以观察自己沟通的冲动，问问自己：此刻我想要什么？此刻我是想证明自己，还是更想说服他；是更想了解他，还是更想有段和谐的关系？觉察到不同的动机，会让你对沟通有不一样的反应。

觉察发生在沟通之前，但是非常重要。它决定了你接下来将以什么样的状态去完成沟通。

我发现当我夹杂着想证明自己优越感的想法去沟通的时候，就很容易遭到拒绝，这种拒绝也会让我自己很不爽，会更想进一步地解释清楚。但是当我为了表达关心而和别人说话的时候，虽然也常会遭到拒绝，但我却不会因为被拒绝而觉得不爽，因为我的出发点只是希望对方好。

第二，倾听。

这似乎是最简单的词汇，每个心理师在学习之初都会强行进行倾听训练，但是后来却渐渐忘记了这个词。这绝对不是心理师专属的词汇，它属于每一段关系中的每个人。在和别人相处时，我们更倾向于表达，急于发泄自己的倾诉欲，却很难按捺住自己，去听听对方到底说了什么。

即使你想说服对方，你也得先去倾听。倾听才能理解，理解才能交流，交流才能说服。对方的理解是建立在自己可以倾听并真正理解对方的基础上的。

单纯地要求对方"你要理解我"，只会让对方感受到攻

击性而想排斥你，让你更沮丧。

第三，尊重。

尊重就是不搞个人英雄主义，承认对方和我一样厉害。虽然一个人可能很博学，但其理论的正确程度却未必比得上菜市场上的王老二。典型的例子就是那道难倒了无数博学之士的化学题："A 由 B 转化而来，B 在沸水中生成 C，C 在空气中氧化成 D，D 有臭鸡蛋的气味。请问 A、B、C、D 分别是什么？"答对的居然是菜市场上的王老二：A、B、C、D 分别是鸡、鸡蛋、熟鸡蛋和臭鸡蛋。你看，真理可能就掌握在看起来没什么学问的人手里。

尊重就是放下对"我是对的""我是唯一"的执着，是允许对方和自己不一样，甚至去向对方学习他的可取之处。尊重也是放下高傲的姿态，认为在人格和感情面前，我们是全然平等的。并且，我愿意保持谦卑的姿态来让你感到舒适。

第四，好奇。

这是我后来学会的，使自己很开心的方式，去好奇每个人的世界里发生了什么。**先把自己的观点和支持的真理放到一边，去好奇对面的这个人，他为什么要这样，发生了什么？不是分析，仅仅是好奇。像一个小孩子看着偌大的世界一样，万事万物对他来说都充满了新鲜感，而新鲜感消退之后，他的内心会涌出敬畏之感。**

而好奇的前提就是明确"我什么都不知道"。正如牛顿的遗言："我好像是一个在海边玩耍的孩子，不时为拾到比通常更光滑的石子或美丽的贝壳而欢欣鼓舞，而展现在我面前的是完全未探明的真理之海。"

<h2 style="text-align:center">五</h2>

心态传达出来的，就是非语言的沟通。情感连接的建立，也是由非语言沟通完成的。只有非语言的连接做好了，语言的沟通功能才可能实现。这时，说服对方，也没有那么难。 总之，先连接，后沟通。

这都建立在让自己的心胸更宽广的基础上，重新找到一个可以让自己感觉到自我价值的方法，而不是继续采用有攻击性的方式。

别人的否定和指责为什么能伤害到你?

一

曾经我不是很喜欢那些对我指责、批评与否定的人。面对那些对我指指点点、各种找碴儿的人，我很想对他们说："你懂什么！"但是话还没说出口，自己又开始觉得委屈和挫败。

比如，我的领导对我最常说的话就是："这么简单的错误你都犯""你就不能聪明点""你做了还不如不做"，等等。每当听到这样的话，我都会感觉五内俱焚，想跳起来拍死他，我全身所有的细胞都在嘀咕："我要是有那么聪明，我还会在这儿待着吗？我要能达到你的标准，我还用坐在这个位子上吗？"但是，如果他对我说我某个地方做得不是很好，可以如何改进时，我的感觉会好一些，或者说理性上知道这不是一件坏事，虽然我依然会很不舒服，觉得这是对我努力的否定。

这些否定与指责也常常来自陌生人。比如我的读者，当我看到一些评论说我的文字过于啰唆、华而不实、道理泛滥时，我会很不爽，特别想骂回去："道理不实践永远都是道理！你认真看过了没有，就指指点点！"又比如听我讲课的学员，当我尝试与他共情时，他会说我"站着说话不腰疼"，并且质疑我，说我没经历过根本不会懂，鄙夷我这么个乳臭未干的孩子竟然跟一个大叔谈人生。在这些时候，我会在心里泛起几句"闻道有先后，术业有专攻"的嘀咕，也顺便自我安慰一番。

其实，我在回忆的时候发现，反而是自己身边的人对自己的否定与指责伤害最大。当我因身体不舒服或其他原因不能赴约而被指责为自私和矫情的时候，当我尝试跟他们讲明白某个道理而被指责为自以为是的时候，当我因先去忙自己的事而没有帮助到他们而被认为眼里只有自己，没有人情味儿等的时候：我都会特别伤心。

也许是我太敏感。他们温柔的、不温柔的指责，直接的或委婉的否定，总能被我迅速识破，继而使我感到委屈和受伤。虽然我会反驳，但是我的委屈也不会因此而减少半分。

当我面对否定的时候，我通常会有两种反应：

1. 认可对方的说法，承认自己的确是这样的人，继而感到很挫败、很受伤。

2. 本能地立马反击对方，然后感到更受伤。

套用现在流行的话来说就是当别人对我说"你神经病"时，我要么会立马认同对方并开始反思自己为什么是个"神经病"，继而变得真的不喜欢这样的自己，要么会用"你才神经病！你全家都是神经病"来反击对方，从而体验到一种与他人隔离的孤独感。

我在心灵成长的路上从未停止过挣扎。直到后来在一次团体小组活动中，几个人在完成了对我的攻击之后，见我莞尔一笑，谈笑如初，惊讶于我为什么会有这么强大的抗打击能力时，我才意识到，原来我一直在成长，我已经不再是原来的那个我了。然后，我也开始好奇：在我身上发生了什么？

其实，所有的否定、指责与批评等，都是对他人的攻击，这种攻击渗透到了生活的方方面面，使人无法躲避。也就是说，只要我们活在这个世界上，就总是有人肯定或者否定我们，表扬或者批评我们，使我们无处可逃，时刻在考验着我们盔甲的防护能力。当我们的盔甲过薄时，就很容易被击穿，从而伤害到我们；当我们的盔甲很厚时，就能把攻击反弹回去，从而伤害到对方。

急着否定攻击或为攻击辩解，其实是被他人的攻击带着走的表现。因为别人的攻击激发了我的防御，所以我已经被他带着走了。换句话说，我已经被他的话题所控制，如果他使用的是激将法，那么他赢了。

然而无论是攻击别人还是去反击别人，都不是最理智的方法。因为在攻击与反击中，总会有人受伤，甚至会两败俱伤。

真正解除互相攻击的方式是，重新认识和定义攻击。

别人对我们的攻击，就像是一个扣帽子的过程，别人把一项看似是我们的帽子未经我们的同意扣在了我们头上，并且为我们下了一个我们是什么样的人的定义。当我们被扣帽子的时候，不管这个定义说的是不是我们真实的自己，都不由我们自己决定。

二

这顶帽子其实来源于别人的投射。所谓的投射，就是对方把他心里的东西拿出来，塞给你。你要知道，这是对方的问题，你是无法干预的，他心里有，所以他认为你也有。这个投射里也夹杂着移情，移情就是他把对其他人的情绪转移到了你身上，你只是不小心撞到了他的枪口上。

他把指责与否定给你，其中其实有一个非常复杂的心理过程，有跟你相关的部分，也有跟你无关的部分。

但是，如果你感到受伤或者急着去否定，那说明你认同了他的评价。认同就是我认可了你说的话，我把它当成了事实。你假设了他说的都跟你有关，而且全都是对的。注意，是你假设并认同了这是事实。有时候你会急着否定：不是这样。这其实也是你先认同了他的说法，然后又启动了否认的防御机制来让自己好受一些。

如果你心里不在意、不认同对方的观点，你是不会对这个否定起反应的。比如，如果你是一个富有的人，当别人说你贫穷时，你就会莞尔一笑，毫不在乎。但如果你真的很穷，当别人那么说你的时候，你就会感到伤心或生气，想证明给他看：我，不，是，穷人！又或者虽然你实际上很富有，但是心里却没有解开"我是个穷人"的心结，那么，你依然会如此反应。

人在受到攻击时，别人的投射和你的认同，是两个过程。投射与移情，是别人的事；但认不认同，就是你的事了。你无法决定别人，但你可以决定自己。

我个人觉得，比较理性的做法是客观地认识自己：他的攻击是事实吗？我认同了吗？如果是，我该怎么自我反思并改正错误？如果不是，我该怎么友善地把别人的攻击放下而不去认同呢？

何况更多时候只是我们自己的敏感在作祟：将不是肯定的言辞解读为否定；将中性的言论往我们自己身上扯，理解成别人在指桑骂槐地挖苦我们；明明是无意的言论，硬是听成了对我们自己的否定而受伤。有时候，别人确实是因为着急所以声音大了些，但我们会觉得这是在凶自己，从而立刻反击道："你这是什么态度啊！"反而把对方弄得莫名其妙。那么这个时候，如果可以，请先分辨一下：这是事实吗？

后来，当这点被用到心理治疗工作上的时候，我才彻底地感受到它的价值。当来访者开始否定治疗师的时候，治疗师不要急着辩解，而是要先思考：来访者把自己的什么东西带来了，他为什么要把这个带过来？移情恰恰是开展心理治疗工作最好的契机。欧文·亚隆在团体治疗的理论中也阐述了这一点："他们攻击的是我的角色，而非我本人"；"理解他们移情的本质，而不是施与以牙还牙的反移情，是保持治疗方向的关键"。

三

当我看到我是怎样被攻击、怎样被扣帽子的时候，摘掉帽子的转化过程也就开始了。

我如果认为这顶帽子不属于我，无法认同对方的评价，就需要先在心里摘下这顶帽子。我可以告诉自己：我认为我不是一个 ×× 的人。我认为 ×× 的表现是……而我……

例如：我认为我不是一个自私的人。我认为自私的表现是在自己有余力的时候只想着自己而不懂得照顾别人，而我只是在自己的需求和别人的需求不能同时满足时，先满足了自己的需求而已。我认为这是爱自己的表现。我认为我不是一个不负责任的人。我认为不负责任的表现是有能力完成该做的事情而不去完成，而我的能力有限，我无法完成这件事是一个事实，我是因为无法完成才不去做的，所以我是一个负责任的人。

摘掉帽子后，我的心理负担会减轻，同时我也会看见自己是如何满足自己的渴望的。

我依然希望从别人那里获取到认可和尊重。**当别人开始否定我时，我马上就能感觉到不被认可和尊重，别人的否定**

像是要杀死我一样。我满足自己渴望的方式是拼命改变他人的言论，让对方重新认可我，我不过是想改变他们而已。 当我看到了这一点的时候，其实我已经认可我自己了，而不必再依赖他们的肯定。我不能也不必让所有人都来说我好，都来表扬、赞美我。我只需要自己认可自己，就能感觉到莫大的欣慰和满足。

在我满足了自己后，我又好奇，那个否定我的人在怎么满足他自己的渴望，他在期待什么。

他期待我可以做得好一些，而不是真的想否定我。**他希望我可以做得更好些，他只是对我有比较高的期待。那我该感谢他对我的关心，而不是反过来又去反击、否定他。有时候他或许真的没有那么好，真的只是想打击一下我来提升一下他的自尊，或是找出我的一点毛病来显示他的价值，那我就给他这个价值又何妨呢？** 或许他的意见有参考价值，或许没有，但我都尊重他提升自我价值感的方式，并接纳这样的他。

因为如果我可以去感激他对我的关心或者去尊重他提升自我价值感的方式，就可以帮助我们促进彼此的关系，那我又何必去选择伤害这段关系呢？

事实也证明了我的转化：当我愿意肯定自己并不需要任何人来证明我的价值时，我就能更坦然地面对这些否定。当我施与感激和接纳时，我还可以收获一段更近的关系。那些攻击也都会被我转化为欣赏和赞美，而我自身也可以再次得到满足。

同时，这样也会再一次增强我对自己的认可与肯定，提升我不被别人的话轻易带走的独立思考能力，同时也锻炼了我区分事实与感受以及洞察他人心理的能力。于是，每一次攻击，其实都变成了一次洗礼，都是不同的恩赐。

而这在中国古代哲学里也很明确地体现过，孟子曰："天将降大任于是人也，必先苦其心志，劳其筋骨，饿其体肤，空乏其身，行拂乱其所为，所以动心忍性，曾益其所不能。"

这在西方近代哲学里也同样体现过，尼采说："那些杀不死我的，终将使我更强大。"

道理还是那些道理。成长，就是一点点把它们碾碎，然后再把它们内化到心灵的一个过程。

你是想发泄情绪，
还是想解决问题？

一

老板：你怎么迟到了？

员工：才迟到了两分钟，路上堵车。

老板：堵车就不能早起两分钟吗？

员工：每天加班到那么晚，我怎么起得来！

老板：白天的活不干完，要拖到晚上再做！点灯熬油，一点儿都不知道节约公司的资源！这说明你的工作态度有问题！

这是一个日常生活中很常见的场景，我深深地知道作为员工的这种体会：委屈、无助、无奈、不屑、抱怨……我的脑子里还会不断地蹦出这样的想法来："这个老板太不可思议了，不就迟到两分钟吗？我每天加班到那么晚，早就超过了工作时间，有必要上升到工作态度的层面上吗？太计较了！

这个老板根本不会管理员工，一点儿都不人性化，这么做下去，迟早会把公司做垮的。"然后我还会越想越气，并在心里下很多结论："他不是一个好老板""他是一个小人""他这样肯定会做垮公司"。我这么想的时候，会更加坚定地认为老板是错的、不懂管理的，并且在想到他有天会把公司做垮的时候，我心里竟然还涌出了一丝快感。

这么想，其实自己的委屈没有丝毫减少，反而会越来越多："明明是你做得不对，我还不能大声地说出来。你如果不是我的领导，我早就发飙了。可是我不能，我只能自己体会委屈、无助、挫败。"

我还会感到自己受到了不公平对待，而又无力反抗，只能委屈自己。

这样的想法固然可以被理解，但是如果你愿意暂停一下，从委屈里跳出来看看，你会发现，其实当下的你正面临着两个问题：

1. 为什么会这样？

2. 下一秒应该怎么办？

首先，发生了什么事情呢？事情就是，你们之间有了一个小分歧，你体验到自己被老板否定了，这是事件，也就是你面临的问题。在其中，你所有的防御机制都被触动了："这是你的错，不是我的。"如果反抗失败，你还会陷入委屈中，继续在心里指责和诅咒："你是个××样的人，会有××样的结果。"

注意，在这期间，你其实潜移默化地将问题进行了升级：

"你不该这么对我。

"你应该按我的意愿来做。

"当你没按我的意愿来做的时候，这就是你的错。

"我不接受被否定。我要用各种内在的及外在的方式进行反抗。"

这就是你走过的真实的心路历程。你可以在这个时候换位思考一下，去看看否定你的这个人，他的想法发生了什么变化：

"说你两句，你还反驳。

"做错了还有理了？

"你真不尊重我。

"你反过来否定我，我只能把问题提升到更高的层面再反过来否定你。"

你就会知道，这只不过是两个人在玩相互否定的游戏，有着较不完的真儿，而彼此的心里只想要一个东西：尊重。问题本身其实已经不重要了，重要的是，你们在被对方否定时，都是在向对方索取尊重。这就是两个缺乏别人的尊重的人，使尽了浑身解数来向对方索取对方的尊重。其实对方受到的尊重明明已经少得可怜了，但是你还非要用道理向对方强行索取他对你的尊重。

问题本身不是问题，尊重才是问题。解决了尊重问题，行为就不会再出问题了。

接下来就是该怎么做的问题了。

二

有的人不服："凭什么要我尊重他呀？我已经很尊重他了！对于这种人，我不屑给予他尊重！不要以为你是 ×× 你就了不起！"

抱怨和不屑是没有任何问题的，因为通过这种方式可以有效地维护自己的自尊，让自己感觉舒服些，也会让自己感觉有面子。但同时也要意识到：你这是选择了情绪化地发泄自己的情绪，你自己舒服了，但是情绪化带来的结果就是让你们的关系更加疏离，让问题变得更加复杂，让对方对你更有看法了。

有的人会这样说："对不起哦，都是我的错，其实我应该……但是我没有做到，你看是不是可以麻烦你……"

我不知道这种方案奏不奏效，但我觉得在解决问题上起码会比第一种好，因为这让问题有了缓和的余地。但同时也需要付出很大的代价：你需要放弃自尊、放弃面子、放弃被尊重。

但你要明白的是，放弃被对方先尊重并不意味着你不值得被尊重。这是两个层面上的问题。

其实这不过是两个选择的问题：**你想选择情绪化地发泄，让自己好受一些，还是选择先解决问题。或者说，你想选择满足自己的心理需要，还是想解决问题。如果你的能力有限，很多时候，这两者你只能择优选其中一个。你不能既要求对方在自己没有受到尊重时还尊重你，还要对方乖乖地配合你**

把事情解决掉。除非他非常爱你，愿意委屈自己。

没办法，他也需要你的尊重。他没有办法把个人的感受和情绪与工作区分开来，也没有办法把尊严和事情区分开来。你能不能区分开不重要，重要的是你需要明白他做不到。如果你只懂得指责对方，那么你只会更加委屈，会生出更多抱怨，结果你还是改变不了他。

当你改变不了他时，其实你至少面临两个选择：

1. 继续委屈、抱怨，指责都是他的错。

2. 满足他的渴望，让事情有协商的可能。

我的老师讲过这样一件事：有这样一个人，他的儿子误杀了别人的儿子，被对方的父母起诉，要他的儿子"一命抵一命"。他就特别地愤怒，抱怨道："已经死了一个人了，为什么还要再死一个？我们家孩子又不是故意的，你就没有一点儿宽容心吗?！"其实两家人的关系原本是很好的，但是因为这件事，结上了仇恨，彼此抱怨，让冲突一再升级。

那时候我还在学《金刚经》，我的老师是这么化解这个仇恨的：若你继续种下仇恨的种子，你只能收获仇恨。你要做的是去道歉，去真诚地道歉，放下一定要证明对方是错的的执念。告诉他们，这是你的错，你十分后悔，为不能还他们的儿子感到深深的抱歉，但是你可以当他们下半辈子的儿子，继续照顾他们。这时候，双方才会有协商的可能，即使对方依然坚持上诉，但是至少缓和了两家人的关系，使双方不再这么仇恨下去。

这两个结果，你会怎么选？

选择继续仇恨对方，指责对方不改变、不让步。面临的结果可能是：等到对方上诉到自己的孩子被判刑，两家成为世敌。

选择放下仇恨，满足对方的渴望。面临的结果可能是：有了 50% 让孩子减刑的可能性、90% 挽救两家人关系的可能性。

三

"证明都是别人的错"是一件很有快感的事，就像是一个"水落石出"的心理游戏：别人错了，我就对了，因此我的价值感就升高了。

问题是，你既要解决问题，又要证明自己是对的，那你就算出尽风头，也离摔倒不远了。承认一下自己的错误又何妨呢？谁说人一定要公平、世界一定要公平、人就应该就事论事呢？虽然你自己在努力这样做，但是你也要知道，你不可能让所有人都做到。

同样的事情还有：

如果你对一位程序员说："你的代码有 bug（错误）！"那么他的第一反应会是："1. 你的运行环境有问题吧？ 2. 是你不会用吧？"但是如果你委婉地对他说："你这个程序

和预期的有点不一致，你帮我看看是不是我的使用方法有问题？"那么他本能地就会想："是不是我写的代码出bug 了！"

这个笑话的名字叫"程序员的自尊"。它说明的是，其实**只有伟大的人才能真的完全就事论事，区分人与事。你如果做到了，那么恭喜你，你很伟大，但请不要要求别人和你一样；你如果没能做到，可以问问自己：**

我是想选择满足自己的情绪需要让自己畅快一些，还是想选择安抚别人的情绪让事情得以解决呢？

世界上没有"他应该"的真理，人只能改变自己。这是你的问题，和你的选择有关。

当你受不了一个人缺点的时候

当我察觉身边的同事、朋友和自己不是一路人时，我能远离的就远离了，但我的领导，却让我无法远离又无法忍受。但是后来我发现，这些让我讨厌的人身上除有让我讨厌的"爱计较"外，还有很多优点。跟他们在一起，可以让我学习到很多东西，他们有的专业技术特别强，有的社会阅历很丰富，有的人脉比较广，有的发散性思维比较强，也有的人默默地保持着善良（经常去敬老院做义工、捐助贫困学生）。和他们在一起，我虽然偶尔会吃亏，而且明亏和暗亏我都吃过，我无奈地让着他们，但是后来我又发现，其实系统本身就是一个平衡：你跟一个人在一起，能从他身上得到，也必然得为他失去。你若能为他失去，就一定能从他身上得到。只是如果你付出的恰恰是你在意的，那么你难免心痛；如果你付出的不是你在乎的，那么你就会很慷慨地给予。

再后来，我发现远不止如此。其实计较也是他的优点，是他界限感非常强的表现，他很懂得维护自己。因为我是一个从来不会拒绝别人的人，所以经常吃哑巴亏，而他们常常毫不了解我的心理活动。不懂得拒绝别人，不懂得人际界限，这些都是我的问题，而不是他们的。他们只是相处方式和我不同，却被我强行贴上了一个标签：爱计较。

我为什么这么讨厌计较的人？当我开始思考这个问题时，我发现他们带给我的其实远比我想象的多。因为我总是隐隐地在担忧：如果人们之间一分一毫都分得清清楚楚，就代表着关系的疏离，就代表着我们不亲密，就意味着我可能无法跟他做朋友或可能失去他。很显然，这只是我从小到大在教育中习得的经验，并不是通用的，我曾经用它活得很好，但是当我走出自己的文化圈子时，我才能看到很多人跟我不一样。于是，我开始反思，开始学习拒绝，开始学会要求他人，开始学会正视自己的需求。

于是，我也开始变得"爱计较"，并且我知道了我们的关系并不会因此而破裂，而是依然亲密。有时候，我不想去区分，我就会放弃自己的一部分利益去满足他人的需求，只是我不会在心里默默地"诅咒"他们了。

对于那些脾气暴躁的人，有时候我很受不了，很想问一句凭什么，但是后来我发现，他们身上也有很多值得我学习的地方，也有很多令我羡慕的资源。他们也慢慢告诉我，我受不了这些，是因为我的内在被某些东西卡住了，我在用他们的认可和尊重维护自己的尊严。而这只是他们的性格习惯而已，根本不涉及我的自尊。

我们每个人都是被上帝咬过的苹果，没有人是完美的，所以每个人都有他的好与不好。所以，后来我听到朋友说有多讨厌一个人时，就会有很多感慨。朋友说："这种人，我不屑于和他来往，不屑于从他那里得到什么"，或者说，"这种人渣，根本没有什么优点可言，有能力又怎样，人品差我依然不屑"。

我会想：面对我们不喜欢的人，面对他人有我们不能接受的缺点时，除了排斥他，还有很多其他的选择。

选择一，看到他的优点，并向他学习。

我会想起孔子所教的："三人行，必有我师焉。择其善者而从之，其不善者而改之。"

每个人都有他的优点和缺点，他的优点是让我们来学习的，这一点我们却常常忽视。韩愈嘲笑过这些人"位卑则足羞，官盛则近谀"，也就是说，这些人以地位低的人为师就觉得羞耻，以官职高的人为师就近乎谄媚了。我们不愿意向那些有缺点的人学习，不正是我们的无知吗？另外，他的缺点是让我们来引以为鉴的，而不是用来排斥他以显示自己清高的。

有人说："他没有优点。"那是因为我们被心中的仇恨和怒火蒙蔽了双眼，这个世界上没有什么绝对的坏人，就算是恶贯满盈的人也会有慈悲和出众的一面，我们看到哪部分，就会去放大哪部分。我们如果期待着他人只呈现我们认为美的一面，就是在期待一个理想化的形象。

有的朋友会说，原则性的问题不能被侵犯。但是原则性问题依然不是我们排斥他人的理由，所谓的原则是自己要遵守的，而不能强求他人也遵守，我们可以坚守好自己的原则，同时依然可以去学习他人的长处。

选择二，把他们发展为朋友。

如果你非说我功利，我会说功利有什么不好吗？你如果愿意，就会发现，被很多人所不齿的那些人，恰恰是给你带来最多收获的人：他有他特殊的资源，他不能跟别人分享，只能跟你分享，那你不就得到很多吗？如果他是一个人见人爱的人，那么你也只是他众多朋友中的一个而已。古人还说：冷庙多烧香。所以不要小瞧任何一个人，他随时可能爆发出你所未曾见过的一面，也可能蕴藏着你需要的一些东西。

选择三，自我成长。

我觉得这是最重要的。

如果你发现你依然忍受不了他，你可以去问自己两个问题：

1. 是不是所有人都认为他有这个缺点？

2. 是不是所有人都忍受不了他的这个缺点？

其实答案显而易见，并不是所有人都和你有一样的想法，不然他也不可能顺利地生活到现在。

那为什么我们会因为他的缺点而痛苦呢？

我们所排斥的，其实是我们自己，那个我们不能接纳的自己，以及在其背后的恐惧。有的人不能接纳堕落、放纵的人，有的人不能接纳邪恶的人，有的人不能接纳小气、暴躁的人等。每个人不能接纳的都有很多，而不能接纳的部分，恰恰是我们的一个情结，你如果愿意多去看看这部分，就会收获很多成长。

你可以试着做这样的练习：把你讨厌的人的特点，放到自己身上再来看。比如，你很讨厌计较的人，就可以把计较放在自己身上："我是一个很计较的人。"然后你会发现并本能地发出感叹："我竟然接受了这种做法，这怎么可能?!"你如果愿意暂停三秒钟，去追问一下自己"为什么不可能呢"，就会发现自己为什么不能接受自己计较，找到其背后的那个隐藏的恐惧。

当看到背后的原因后，你可以选择不这么做，但是不会再排斥别人这么做。我们之所以排斥，不过是因为我们想通过惩罚的方式，要求对方来改变。

所以你可以去追问：我为什么会计较他的缺点? 他触动到了我的什么? 激发了我的什么? 我在坚持着想去要求和控制他什么?

有修为的大师很少会讨厌人，不是因为他胸襟宽从而很能忍，而是他心里的痛别人难以触碰到。孔子说的"君子坦荡荡，小人长戚戚"正是如此，君子和小人的区别就是内心有多少总是被戳痛的点。

我为什么会对他人感到厌烦? 当我去追问自己这个问题的时候，就可以看到自己身上的问题。我们就可以借此把自己变得更宽阔、更包容、更乐于接纳，从而更幸福。

当你追问完后，你会发现他根本没有你想得那么差，他也是很可爱的一个人，是自己的不接纳放大了他的缺点。完成

"成长"后，你也会发现，其实能和你讨厌的人搞好关系，也是一件很有成就感的事。

上帝是咬了一口苹果，但是你不能把自己的经验感受强加给上帝：咬了一口就是不好的了。上帝会说："看，缺了一个口的苹果，才是最完美的苹果。"要知道，你自己的经验并不适合所有人，你用你的经验定义的缺点，未必是这个人的缺点，或许只是这个人完美的一部分。

当然，你依然可以坚持最初的选择，继续计较，盯着他人的缺点不放，坚持认为是对方的问题，然后让自己继续愤怒无助，或借鄙视他人而让自己高高在上。这样也很好，这样你就可以成功地把责任推卸给别人，让他人去改变，去为你的感受负责。这样你也就不用检查自己和改变自己了。

孔夫子也曾说："见贤思齐焉，见不贤而内自省也。"那些讨厌的人，不是来让你排斥的，而是来帮助你反思的。

我放下怨恨与报复，
是因为我要去爱我自己

一

有时候我也很想报复，总觉得那些伤害我的人应该被千刀万剐。有时候我也会劝自己原谅他们，却又做不到。于是我只学会了跟自己讲道理："我不恨你们，你们也别靠近我。"但是隐约中又难以说服自己，因为恨一直都在。

背着伤行走的人，通常都是疼痛的。有时候我们也知道确实该放下了，但就是放不下，因为曾经那么多人无情地伤害了我们。

其中有来自妈妈或爸爸的无尽伤害。依稀记得的那些童年经历，都是可怕的回忆。家里空无一人，爸爸、妈妈因过于忙碌而忽略了自己，他们的事业永远都比自己重要，只要工作忙，自己随时就会被抛弃。他们就算在家也常常因为吵架而殃及池鱼，你很疑惑，为什么他们之间起冲突，要把你带进来？有的妈妈会跟孩子说："去跟你爸爸说，我想跟他离婚。"而这个孩子并不认同妈妈，只想拼命地逃脱这种控制。有的妈妈不让孩子跟爸爸联系，千方百计地阻挠孩子。有的爸爸不管喝没喝酒都会无端地辱骂孩子：这也做不好，那也做不好。孩子只要去做似乎就只有做错然后被骂这一种结果。有的爸爸要求孩子听话，一旦孩子不听话，他们自己就像一个孩子一样开始耍赖。

很多人说，他们和父母的关系并不好，感情疏离，父母会控制或者伤害孩子。这些孩子唯一想做的事情，就是远离父母，永远不要再见到他们。即使这些人长大到三十岁、四十岁，父母已经渐渐老去，他们对父母的怨恨也不减当年。

我也见过很多人对前任有很多的怨恨：他怎么伤害了我或他怎么抛弃了我；她们怎么瞎了眼曾经和那么一个"极品"在一起生活，在分开后，"极品"前任又做了多么荒谬的事情，又是怎样在她们背后深深地捅刀子。对于道德的谴责，这个"极品"前任确实该挨千刀，但是现实却常常是他们依然活得逍遥自在。于是，被伤害的人更加沉重地喟叹命运不公，或者更加怨恨，甚至想要去报复。似乎只有把他们打倒、致残，才能让他们明白："看，这就是你伤害我的下场！"或许还要加一句，"看你以后还敢不敢！"

生活也时常会伤害我们。人总是不经意地就被生活践踏、被朋友伤害、被陌生人误解、被最信任的人欺骗，如果留心观察，总能发现自己常常成为受害者。虽然人们在很多时候会强迫自己原谅对方，但是发现自己依然做不到。

于是，就这样带着曾经的伤一路走下去，五年，十年，二十年……

二

我慢慢地开始认同，任何人都是应该也值得被宽恕的，但并不是所有人都能做到轻易宽恕对方。这需要多大的爱、多大的心理能量才可以去完成啊！博爱众生，周济天下。

但是我开始慢慢地承认，无论我们怎么保持恨，都难以再去改变现状，即使想报复，也挽回不了任何局面。留着这些恨，除了伤害自己，我们依然毫无所获。

我读过刘震云的《我不是潘金莲》的故事，被深深地触动了：一个年轻貌美的新婚女孩，被冤枉成潘金莲。所以她恨她的丈夫，恨社会的不公。为了泄恨和报复，她不停地上访，一晃就是二十年，上访到人老珠黄，孩子也没时间管，只能托付给别人；自己还得了一场大病，生命垂危。然而二十年后她的怨恨依然没得到化解，曾经的丈夫也因为车祸意外去世，积攒的恨还没来得及发泄，就已经结束了。

也许我们暂时放下对别人的恨，才能了解恨，听见恨在说什么。

恨是因为爱，恨是因为你还想要。也许我们的意识告诉我们，已经不可能要到了，也不想要了，但是我的心却在说我还想要。我想要你补偿我，我想要你改变，我想要你给我安全感，我想要你给我爱，我想要你尊重我，我想要你理解我、保护我。恨的深处有着很多还想要的渴望，只是我理智上知道我要不到了，我不得不发展出恨来惩罚你，也保护我自己，假装我还可以得到。我不愿意放下恨，是我想假装还可以得到，我幻想着可以回到过去，可以从头再来。如果我放下恨，这就意味着我再也得不到了，再也回不去了，我不愿意面对这种丧失。所以，我不愿意放下。

恨只是在说：你不给我，我就报复你。

当你真正去聆听恨的时候，会发现恨的深处，是一股哀伤。这股哀伤在说："看，我多么可怜，多么疲累，多么需要被爱。"

你要明白，有的人真的改不了，他可能一辈子只能这样，他就是这样的人。有些事情发生了就是发生了，再也回不去了，伤害就在那儿了，再也改变不了了，这是一个让我们很无力的事实。我们错过了那个时间，但是我们拥有了现在，我们不可能再回到过去了。

恨是一种感受，是一种情绪。这种情绪积压在体内，就像一些顽强的毒素，不停地伤害着自己。恨让我成功地背负着过去无法放手，当事人都已经不在这儿了，但是我还是要拿过去来折磨我自己，恨他恨得牙痒痒。恨让我活在过去，让我不能专注于现在。

于是我想，可以尝试着放下恨。不是因为我要原谅你，不是因为你值得被我原谅，而是我想放过自己，我想学着爱

自己。如果老天有眼，老天会替我惩罚你，但我不想再惩罚自己了。

我想轻松，我想全身心活在当下，我想用美好的心迎接未来，我不再被你伤害，不再被往事伤害。**过去，我决定不了你伤害我，但是现在，当你离开后，我可以决定不再用往事伤害自己。我可以决定成为自己，我不需要再害怕，因为我已经长大。**或许会感到哀伤，但我依然这样决定。曾经你给不了我的，曾经你拿走的，我不再去向你要，因为我可以自己去创造，自己去争取，自己给自己。我不必再向昨天的你要，因为我可以向今天的自己要。

我宽恕的不是你，而是我自己。

不是你尊重他，
他就要尊重你

一

自从学了心理学，我觉得自己整个人都文明多了、负责任多了、讲理多了，俨然一个君子不拘小节（自以为是）的形象。

但我还是经常冷不丁地在思想上强迫他人，直到我觉察到，并被自己吓到。

比如，我今天下楼买菜，骑着我长年未动的小单车，左边载着一堆方便袋，右边载着一堆方便袋，晃晃悠悠地行驶在马路上，前方突然出现了一位大叔，眼看要撞上，我一回神，赶紧从车上跳下来，但还是不小心蹭了下大叔的脚。这虽然是一起很普通的摩擦事件，但激起了我一系列的心理反应：我非常小心、非常温柔、非常真诚地说出了我修行多年的宝贵词汇：

"对不起！"

我想此刻的我是一名绅士、一个君子，一个有礼貌、有文化、有修养、有道德、有担当、有责任的人，所以才说了声对不起！我觉得做人就应该敢于承认错误，应该懂得谦让……

或许你会认为我因为一个小动作而产生这么复杂的心理活动未免太夸张了些。但是你不知道的是，以前的我遇到这种情况会这样对待别人："怎么走路的啊你！你怎么不走人行道啊？在马路上走什么啊，你没长眼睛啊？！"

后来，随着年纪渐长，我变得没那么易怒了，再遇到这种情况，一般会默默地走开，不再计较，但是会在心里乱七八糟地嘀咕一顿。

但是无论是哪种反应，我都抱有一个观念：明明是他错了！

而且我还要在心里埋怨好一会儿，不断地在脑海里重复"都什么素质啊"，来让自己再难受会儿。

我变得有度量、有礼貌、有责任心之后，的确收获了很多，知道了人应该主动承担起属于自己的责任。于是在生活中，当我经常说"对不起"的时候，收到了很多的"没关系"和笑脸，我懂得了"让他三尺又何妨"的道理，这真的给我带来了巨大的力量。

但是，这位大叔却极度不配合我这宝贵的道歉，一点儿也不按套路出牌，他反倒给我上了一课：

"对不起什么呀，没长眼睛啊，你这样乱骑车会遭报应、遭天谴的，不知道吗……"

我愣在了那里，半天没回过神来："我错了吗？"

我错了：人家好好地走路，是我撞上去的。

我再一想：可是，是他走在了不该走的地方啊！

而且，我不是很认真地道歉了吗？

二

这是一件很小的小事。当我观察自己的想法的时候，这件小事却给我带来很深的触动。

当我说出"对不起"的时候，我内心其实已经升起了一种期待，我期待他会笑着接受我的道歉，并说"没关系"，因为我也是这么对待别人的。我觉得人应该和善，应该给台阶就下，应该谦让。我太理所当然地把"对不起"和"没关系"绑到了一块儿，形成了一个整体。似乎有了 A 就必须有 B。这是我多年的道歉经验，却也只是我的一厢情愿。

记得电影《人在囧途》里徐峥扮演的李成功在撞倒老太太后，说了一句："不就是想讹钱吗？给你，1000，行不？"在他的世界里，撞了人又没出什么大事，给点钱息事宁人就行。这是他无数次成功的经验，却也只是他的一厢情愿。

我如果将自己的经验泛化为普世的标准，认为当人听到真诚的"对不起"时应该宽容地回应"没关系"，就要求别人同样这么做——那这就是赤裸裸的思想"强奸"，是对他人的不尊重。

即使有一万个人会这么做，也不代表第一万零一个人必须这么做；即使有十万个人认同我，也不代表第十万零一个人会认同我。不然这就是思想"强奸"：凭什么对方要跟你一样，遵守你的规则？

三

这里有更深的问题。

我付出，就期待能得到回报。我对他付出了真诚，就期待他能回报我真诚。与其说期待，不如说强制：我一旦对他付出真诚，就用我的情绪和思想强制他回报我真诚，不然我就会生气。我会在心里攻击他："凭什么我对你真诚和客气，而你却诅咒和羞辱我呢？"

其实，在生活中我这么做了无数次：在大街上，我碰到乞丐给他钱，就会期待他把钱花到有用的地方，至少别一拿到钱转身就去买烟。我与同事闹矛盾后主动道歉，就会期待他回报我热忱和宽容，若他没这么做的话，我就会很生气，在心里反复嘀咕做人不应该这样。

我之所以在思想上想强迫他，是因为我觉得不公平：凭什么我这么对你，你却要那样对我？

这句话在生活中的运用更是不胜枚举，比比皆是。

但其实，当我计较地要求回报的时候，我就成了一个乞丐。我正是由于自己的匮乏，才会需要对方的回报。

比如，爱、热情、真诚与尊重，当我乞求时，我就是一个缺爱、缺热情、缺真诚和缺人尊重的乞丐。

或许唯有高僧大德不需要人来尊重和爱，无论世人怎样羞辱他，他都笑而纳之，依然付出，不需要他人回报。就如达摩祖师初到中国一样，他想上船，别人羞辱他并拒绝让他上船，但他依然救助了一个羞辱他的人的孩子。

四

我们不是圣人，也不是佛陀。我们没有那么高的修养和境界，我们能做的就是：承认自己的匮乏和浅薄，承认自己在向对方付出时，也想要对方对自己也有同样的付出。当我承认时，我就已经开始进步，因为这是我的问题，而不是对方的问题。

所以，我们还可以更进一步地去领悟：我期待你那么做，但是却不强求你。当我付出时，当我道歉时，当我真诚时，当我热情时，我期待你可以以同样的方式对待我，但是我不再强求你必须这么做。你有你的选择和自由，我尊重你。我可以表达我的期待，如果我觉得没必要或没希望，我就不表达，但我不会强求你同样地对我。

别人没有义务满足你，更没有义务因为你给了他 A，他就给你 B。当你拿道德、真理、高尚等标准来向他要 B 的时候，他更没有义务给你。

五

当我向一个我有意或无意伤害的人说出"对不起"的时候，其实我会心安很多，也会感到有力量。我坚持了我的原则，所以觉得踏实。他人怎么做不是我可控的，但至少我自己心安。

我付出其他东西的时候也是如此。我尊重他人、真诚待人、欣赏他人，当我这么做的时候，第一是对得起自己的良心，第二才是想得到他人同样的回报。如果没有得到第二点，起码还有第一点支持我这样做。

那么他怎么回报我又如何呢？

六

别人怎么做是别人的事，你可以去呼吁，却不必用情绪在观点上强迫他人。

即使你觉得他那么做很不对，只是，别人错了就应该听你的吗？你可以邀请他参与到和谐讨论中，如果对方不愿意，你就应该为此生气吗？

这就是所谓的尊重，一个非常微妙的课题。

没有人忽视你，
那是你自己的假设

一

当人的自我价值感过低的时候，就会用自己敏感的大脑去大胆地做假设，然后把假设当成事实来安慰自己。

一位很久没有联系的老友连着发来两条消息："丛丛""没事，就是喊你下"。我看到后本能地回复了一个"哦"，他就没有再回，我也就接着忙去了。很久以后，从另外一个朋友口中听到了他发出这两条消息以及收到这样一个回复的心理历程，我冒了一身的冷汗：他是怎么鼓起勇气跟我说话的，短信编了删，删了又编，最后只剩下了这个"没事"的消息，却又只收到一个"哦"的回复后，得出我现在变成了一个骄傲而冷漠的人的结论。然而在手机另一端的我却对这一切全然不知。

其实不止一个人说过我冷漠。有次上课，一位同学在分享环节说我非常冷漠。对于这个说法，当时的我听了大吃一惊，急忙问她原因。她解释说，昨天她向我打招呼的时候我没有理她。我听到后，慌忙之中从座位上站起来当着全班同学的面给她鞠躬道歉。我惊讶于她何时跟我打过招呼，我竟全然不知，我想即使我再冷漠，也不至于看见同学打招呼都置之不理吧。

我惊讶于一些人的敏感，他们习惯性地在感受到稍微被拒绝或不被重视的时候，马上缩回去，感觉自尊心受到了严重的伤害，感觉对方不该如此忽视自己。

当我在做课程的时候，我的课程里也一再呈现出这种问题。一位同学说，她过生日的时候，特别要好的朋友没有为她送祝福，她感觉十分伤心，觉得对方不重视自己。虽然理智上她知道对方不可能不重视她，但依然接受不了这个不被重视的事实。在这个问题上，我表现出了极度的共情并进行了自我暴露："我也经常遭到朋友们说我忽视他们的抱怨，但是我真的对他们十分重视。"

也许是我的方式出了问题，也许是我的敏感度还远远不够，我无法觉察和共情到他人那一刻的需求。每个人都有自己的敏感阈限，而我的值又那么低。我很想小心地维护每个人的自尊，呵护每个人的价值感，在该觉察到周围人的需求的时候觉察到，该猜到对方怎么想的时候就猜到。可是我没那么厉害，我有时候会忙碌，更会游离，有时候甚至觉得集中注意力都是一件困难的事，结果就会使得一些人觉得我很冷漠。

包括曾经的一位读者，他加了我的微信后，发了一条消息，我两个小时后才看到，等到我去回复时，却发现回复失败：我已经被他删除好友了。好奇的我又把他加回来，问他为什么，结果他说，他以为我很高傲，不回复粉丝消息。

这让我不禁想到，其实在感情中很多人也经常如此。当察觉到对方有一丝不爱或不重视自己时，马上就感到无比失落，觉得对方不重视自己、不爱自己了，然后这些念头会在心里无数次地翻滚。明明知道他可能在忙或者没想到这些，但还是压抑不住自己的失落，在那一刻他们就是这么需要被关注。

二

我在想，什么样的人会如此需要被看见、被关注、被爱呢？而且他们不仅仅需要这些，还需要对方的每个动作都证明对方是关注他们的、爱他们的。

我发现他们其实是先给自己做了一个假设：当他们观察到蛛丝马迹的时候，马上就把矛头指向"我是不值得的"。我不值得对方重视，不值得对方看到。他们如果认识不到这点，就只能停留在表面的意识上："都是对方的错，对方对我不够好。"

对方（包括我）确实有错，错在真的冷漠，没有表现出足够的在意和重视。只是，**没有那么在意和重视，就等于不**

重视和不在意了吗？如果没有做到他们想要的 100 分，就只能被判定为 0 分吗？

当他们感到自尊被伤害的时候，就会本能地退缩。在他们心里，其实经历了这样的过程：**在你拒绝我之前，我要先把自己小心翼翼地保护起来，这样我就可以保护好自己的自尊。而这就是心理学上一个典型的现象：我假设了你会拒绝我，那么在你拒绝我前，我要先把你抛弃，这样我的自尊就会好受点。**

三

只有自我价值感低的人才会过于在意自己的自尊水平。因为他们的自尊本来就不多，所以就更不能减少。

而关系中的另一方，却常常不知道发生了什么。甚至当他们默默受伤离开的时候，另一方依然不知道发生了什么。假如我课程里的这位同学默默地认为我是一个冷漠的人而不愿意跟我来往了，那么我在他的世界里就成了罪人，而我却浑然不知自己伤害了一个人。

很多时候，对方并不是我们所想的那样。

其实，真相与自尊无关。他不理你，不给你祝福，没有给你回复，没有给你笑脸，并不是你不值得他这么做，也不是他忽视你或不愿意为你这么做，更有可能的是他根本不知道你这里发生了什么，他甚至不知道你的需求，所谓他不想给你也就无从谈起。

我发现因为敏感而退缩的人，除了有较低的自我价值感，还会有两个期待，用夸张的手法表达出来就是：

1. 当我想要什么时，你要知道，并且能够满足我。或者，当我暗示你时，你应该知道，并且来满足我。

2. 当我去做什么时，你应该马上看到，并且给我积极且及时的回应。

当这两个期待没能得到满足的时候，我就感到受伤，就想远离你。

除了提升自我价值感，相信对方其实一直在满足自己之外，一致性沟通也是一个很好的办法。

你需要去核对：

"我昨天跟你打招呼，你没有理我。我感到很受伤，我觉得你很冷漠，你是这样的人吗？"

"我过生日你没有送我祝福，我感觉很难过。我觉得你不重视我，是这样吗？"

如果我得到了一个肯定的答复，那么这就不再是假设，而是一个事实了。我就可以放心地受伤，放心地放弃这段关系了。当然，一致性沟通是需要克服自尊感的。

如果我既没有核对，自我又感觉没有价值感，我在大脑里先臆想出关于他的一堆不好，然后把这样一堆不好强加给他，并默默地疏远他，那么这时候，我其实只是把我的假想当成了事实。

　　或许，他真的没有把你当成世界的中心，他真的没有那么在意你。但这并不代表他完全不在意你，也不代表他对你的在意度像你认为的那么低。

　　而你，却把假想当成事实，这样既伤害了自己，也伤害了他人，更伤害了你们的关系。

　　或者，你在心中下了这样一个定义："他就是不够重视我。"因为你认为，他对你的重视程度如果不是 100 分，那就是 0 分。敏感的人在判断时只有两个极端的结论：不是非常重视就是完全忽视。

　　这样，真的好吗？

我是为你好，所以你要改

一

他人的改变，有些是与我们相关的，有些是与我们无关的。但无论哪种，他人的改变都是他人的权利，而不应受我们的强迫。善意虽然很好，但是当善意成为强迫和控制的时候，就会出现恶意的结果。

二

比如，改变父母。

我们从小到大，再到自己为人父母，依然难以改变那颗想改变自己父母的心。我见到了太多这样的人，包括我自己。

A 已经成为一位母亲，但是她依然没有放弃改变自己的母亲。因为母亲总是嫌弃、埋怨、指责父亲，并且不断跟 A 说父亲的不好，并要求 A 认同她说的父亲的不好。可是，A 从小就没有让母亲如愿过，反而很看不惯母亲的指责："父亲为赚钱养家常年驻外，非常辛苦，父亲是个好男人，你该理解他而不是指责他。"这让她的母亲更加生气，指责 A 不孝。直到 A 的儿子已经读小学，A 的母亲已到垂暮之年，我听到这个故事的时候 A 依然不愿意原谅母亲，依然在指责母亲不该指责父亲。

从所谓的大众标准来看，A 可以理直气壮地责怪母亲。因为她的父亲真的默默地为家里付出了很多，却得不到母亲的理解。A 是可以被理解的，她想让母亲改变，想让母亲和父亲的关系和谐。可是 A 又拒绝去理解自己的母亲，母亲作为那个年代的独生女，从小就被宠爱，嫁到这个家庭后丈夫有半数以上的时间不在家，她自然会有很多的不满，她也需要被关怀与宠爱。母亲无法理解父亲，是因为母亲作为一个自己都缺乏被理解的人，怎么可能不再索取对方的理解而给予对方理解呢？

于是，A 对于他们的关系，总是很绝望。

绝望的背后其实是：我想改变你，但是我做了一辈子都没有做到，我绝望了，不想做了。我唯一能做的就是带着怨恨，用远离来惩罚你，幻想着你还可以被我改变。

三

B 的父母离婚了，B 跟着父亲。父亲再婚，找了一位他很满意的新妻子。B 真的为父亲感到高兴，也为自己可以再次有个家而高兴。但是，当这个家又传来即将离婚的消息时，

B 悲痛欲绝。他看不惯父亲曾经为了钱而跟母亲离婚，更受不了现在居然又为了钱要跟继母离婚。一个人怎么可以为了钱而牺牲家庭？这让 B 难以接受。

C 的父母还没有离婚，但是 C 却希望他们离婚。C 的母亲一直挑拨她与她父亲的关系，C 觉得母亲限制了父亲的幸福，她想改变母亲，让他们离婚。

我也曾经如此。我妈妈是一位家庭主妇，特别爱计较，经常挑爸爸的毛病。爸爸要赚钱养家，还要照顾我们全家。每当妈妈挑剔爸爸的时候，我就会指责妈妈不该这么对爸爸。后来，我也放下了指责，明白了妈妈曾经是一个很要强的女人，全职在家后找不到自己的价值，她唯一能感觉到价值感的东西就是实现对爸爸的控制，而当她不能控制，连我也反对她的时候，她就会更加绝望和无助。

很多时候，我们都想改变父母。而这些改变，很少是想让自己好，更多是希望他们改变，真心希望他们幸福。但是事实却是我们越是干预，越是想让他们改变，就越会加剧家庭的分裂，同时也会加重自己的挫败感。

四

亲人间想要去改变他人很普遍，其实朋友间也是如此，甚至连陌生人之间也是这样。

公司的一位老大姐总是喜欢给年轻人提建议，我们承认老大姐的确有一些生活经验，让我们十分佩服。但是每当我们没有落实她的建议时，她就会表现出不满，甚至还诅咒我们如果不按她的建议做，就一定不会有好结果，有时候她甚至会做些小手脚来阻碍我们。

当然，年轻人也向她建议过："我们的事跟你无关，是否采纳你的建议都无可厚非，你为什么要生气呢？"

但是老大姐并不领情，认为年轻人不知好歹。于是，年轻人就开始疏远她。这种疏远并不只是单纯的"惹不起就躲"，而是还夹杂着一种得意："看吧，不听我们的，我们就用疏远来惩罚你。"而这又像极了老大姐的手段："看吧，不听我的建议，我就用生气和诅咒来惩罚你。"

我对朋友也如此过。有一次我向朋友提供了一个很好的机会，我希望他可以珍惜这个机会。但是他表现出漠然和无所谓的态度，于是我就很生气："你怎么可以放弃机遇，怎么可以因为懒惰和懦弱而让机会溜走呢？"

五

很多时候，我们给他人提供帮助，提供机会，提供意见，是因为我们真的想与人为善，希望他人可以更好。当对方是亲人或我们在乎的人时，这种感觉就更为强烈，因为我们真的希望他们可以过得更好。

释放善意本身没有问题。但是当释放善意失败，我们就

用诅咒、生气、责骂来惩罚对方的时候，就已经与我们的初衷背道而驰了，原本的善意也就变成了伤害。同时，对接受者来说，你的帮助的背后会有一个让他充满压力的声音一直说："一旦我给你提供帮助，你就必须执行，否则我就惩罚你。"

这就是所谓的"助人情结"了。

助人情结就是我们把自己固执地认为对的、好的东西强加给对方，而全然不顾情境。

相对于我们的父母，我们学习了太多的知识，读了太多的书，我们可以对什么是好的、什么是坏的做更准确的判断。但是由于他们几十年的经验，他们已经难以认同新的观念了。就像你很难跟自己的母亲讲明白什么是C语言一样，你或许认为他们应该接受新事物、新观念，但是他们几十年的思维模式已经定型，改变已经难于上青天，更何况那只是我们所受的教育告诉我们这是对的。

对于A的母亲而言，她潜意识里就觉得所有人都应该以她为中心，她嫁给这个男人前的经验就是如此，那么你又凭什么说这是错呢？对于B的父亲而言，他对金钱的渴望压倒了一切，他成长的时代就决定了他必须这么做，那么你又凭什么用在父亲给你的衣食无缺的生活里构建起来的世界观来要求他呢？纵然他们有些观点的确跟不上时代了，但也许我们可以找到更合适的方式让他们放弃那些观点，而不是"要求"。保护了自己几十年的东西，谁又愿意轻易放弃呢？

我妈妈喜欢用老式的键盘手机，如果我非得给她一个更高级的智能手机，那么结果就是，她不会操作，电话都拨不出去。假如他们真的改变了，却不适应新的模式，难道这不是一种新的残忍吗？

助人情结还在说：你认同我吧，这样我就是有价值的。扯开这些名为"无私""为他人好"的面纱，背后都是为自己争取价值感的行为。

价值感就是：你若不认同我的建议，就等于否定了我。而否定我，我是难以接受的，所以我只能强迫你接受。

很多人就是如此：好为人师。或许全世界的人都如此，所以，关于这道世界性的问题"世界上最容易的事是什么？"泰勒斯的回答才是：给别人提建议。

六

泰勒斯还回答了另外一道题：世界上最难的事情是什么？泰勒斯回答道：管理好你自己。

而对于其他人，我们能做的，就是尊重。

尊重他人跟我们的不同，他人在他们所受的教育里有了他们自己的价值观，有了他们自己的生活方式，他们熟悉并运用着这些，并且活到了今天。

尊重他们有他们自己的命运。对于父母，他们用吵吵闹闹这种方式活了半辈子，已经难以再改变了。我们可以用爱去慢慢软化他们，但是任何企图改变他们的心都会成为他们新的压力，都是在企图改变他们的命运。对于朋友，我们可以说出自己的见解，但应该把选择权还给他们自己。大家都是成年人了，都可以对自己的选择负责。

每个人活着都有自己的人生轨迹。我们不是神，不是圣母，拯救不了任何人。我们能做的只有尊重，允许这一切的发生。

我们能做的，也许只有给他人建议，并把选择权还给他人。然后，他人的命运，由他们自己的选择决定。

七

现在有种社会现象非常流行，很多人也对此比较反感：妈妈们会以对孩子好的名义强迫孩子做很多事情。幸运的是，越来越多的人意识到这其实不是爱而是一种伤害。妈妈们的确是为了孩子好，但是这种好导致的却是负面的结果：孩子要么失去了灵魂成为听话的傀儡，要么学会了用叛逆来反抗，但是他的内心并不会真正地改变。

我相信很多人被这么对待过。

二十年以后，我们又在用这样的方式对待着我们的父母及朋友：我这是为你好，所以你必须改，必须听我的。

家庭治疗里常有的言论就是：我们无意间重复了父母的模式，并成了他们。

所以，不要再当别人的父母，尤其是不要再当自己父母的父母。

你若懂我，该有多好

第二部分

不要说你一无所有，
你不是还有病吗？

一

我常常把世界上的人分为两种：一种是知道自己有病的
人，另一种是不知道自己有病的人。

对于第一种人，我敬佩至极。他们具有良好的自我认知和
自我反思能力。他们敢于直面自己的不完美，敢于正视自己的
问题，并且有改正的意识，想让自己变得更好。当问题出现的
时候，他们能够意识到自己也是有责任的。即使不知道错在哪
儿，他们也有反思的意愿："属于我责任的部分是什么呢？"

我始终觉得，有问题不可怕，只要有自我意识，积极反思，
积极改进，就会成为一个越来越完美的人。我把他们称作"责
任者"。

对于第二种人，我也"敬佩至极"。他们没有自我认知
及自我反思能力，他们是真正"完美"的人，因为问题从来
都不是出在他们身上。他们如果在生活中感到痛苦，那么他

们通常都会认为是环境的错、是时代的错。如果他们在和他人的关系中出现了问题，他们通常会认为是恋人、孩子、父母、朋友、同事等错了，而他们自己是不会错的。所以，他们把世界上的人又分为两种："认同我的人"和"不认同我的人"。他们如果不开心或受到了伤害，就会去埋怨别人，认为这一切肯定都是别人的错。我把这类人叫作"受害者"。

当然，鲜有人处在这两个极端里，我们都在这两个值的区间里摇摆。

这两者的区别就是：人是否能在遇到问题时进行自我反思，认识到自己的责任并通过努力来改变现状，得到自己想要的结果。

然而，自我反思并不是一件容易的事。人们都说生活中所有的痛苦，都是自己的责任。人们还都说"一个巴掌拍不响"，每个人都有错。道理我们确实知道了很多，但是事情一来，我们还是会认为是他人的错。于是，抱怨、愤怒、指责、委屈、烦躁、控制、看不惯都出来了，我们还会不断地用这些情绪折磨自己，说出一些"他凭什么这么对我啊"之类的话，借以惩罚他人、达到自己的目的。**他们始终不愿意去承认所有这些不爽的背后，都有自己的原因，即不愿承认其实自己也有病。**

二

人的生活由三类关系构成：和内在自己的关系、和他人的关系以及和环境的关系。这三类关系都是由两者的互动共同完成的，两者也都有责任。人们所有的痛苦都是基于和这三者的关系不良而产生的。

和内在自我关系不良，就会把问题归因于自己不够努力，从而产生抑郁、自责、自卑、悔恨、焦虑、迷茫、挫败、自我否定等情绪。

和他人关系不良，就会把问题归因于他人，从而产生指责、讨好、逃避、否定、生气等情绪。

和环境关系不良，就会将问题归因于环境，像出门遇到堵车是交通的错，天气太热是政府绿化工程的错，找不到工作是学校背景不好的错等。

总之，当我们不爽的时候，如果不能有效地反思为什么会这样，而是一味地沉迷于指责他人和自己，就很难改变现状。

并不是自责"我不够好"就叫自我反思，也不是找出他人的问题就是理性分析。真正的自我反思一定要具有这个特点：可被改变或避免的。

无论你找出来的原因是自我的、他人的还是环境的，可被改变或避免的就是良好的自我反思，不能改变的就是逃避、找借口。

比如，"我性格不好"这个特点，可被改变吗？"他不负责任"这个特点呢？"天气不好"这个特点呢？

当你意识到你可以做点什么来改变或避免自己的性格不好、他不负责任、天气不好的时候，你就已经开始自我反思，并对自己负责了。

三

　　我有一剂良药能根治人类的痛苦，那就是：意识到自己有病，并积极找药方治病，即通过反思和觉察，意识到自己的问题和责任，找到相应的改变策略，一改以往的失败模式，积极行动，就可以改变结果。

　　我始终相信，人是可以改变现状的，也能让自我和结果都越来越好，关键在于人愿不愿意意识到自己身上的责任。

　　自我反思的第一步，也是最重要的一步，就是感谢痛苦。

　　能察觉到自己有病，恰恰是在感觉到痛苦时。**人们了解自己，探索自己，感受自己，通常也是在痛苦的驱使下完成的，**比如感受到了负面的情绪和遇到了我们不喜欢的人与事。

　　心灵导师们常说"一切都是最好的安排""那些不喜欢的人是来给你做功课的"之类的话。其实，这些话是想告诉我们，所有让我们痛苦的人和事都是有积极意义的，他／它们的出现是为了让我们更好地了解自己、反观自己、改变自己，即更好地帮助我们认识到自己的问题。

　　那些负面情绪也是来帮助我们的，提醒我们去看看有什么东西卡在了我们的心中，然后我们就有机会把卡住的东西拿掉，让自己的内心更顺畅，从而变得更强大。

　　那些我们不喜欢的人也是来给我们做功课的。他人会来提醒我们去看看自己是如何运用移情、投射等机制，把最初的依恋关系转移到他人身上的。他人会成为我们有效的镜子，反射出我们的问题，让我们从他人身上看到并改正自己的缺点，让自己变得更宽容、更和蔼、更有亲和力。

环境也是。我们怎样对待周边的教育、社会等大环境，就是在怎样对待自己。

挫败也是来帮助我们的。失败不是让我们自我折磨的，而是让我们更好地停止并反思人生，避免因盲目和冒进而犯下更大的错误。

所有让我们不爽的失败、他人和其他事物都是在提醒我们自身的行为模式和思考习惯出了问题，需要我们跳出来看看，反观自我，并且从积极的一面去改正。这个世界原本就是变化着的，有变化才能更好。人类更是如此，人们只有不停地改变自我，才能更完美，而这些都建立在一个前提上：你要先知道自己有问题，然后才能改正。

四

这么说不意味着人一定会自我反思。毕竟自我反思是一个成年人的游戏。当你在情绪里退行为一个婴儿的时候，你只会陷入另一个极端：不知道自己有病。

不知道自己有病有两种症状：一种是"我没问题，我是对的，都是他的问题"；另一种是"我知道我有问题，但是他也有问题啊"。这两种情况都是以认为是对方的问题为出发点，期待对方的改变。他们的主张是"你改变了，我就好受了"。

这种感觉就像是你照了镜子，觉得镜子把你照得太丑了，于是，你嫌弃镜子有问题；然后又换了一面镜子，还是觉得镜子有问题，于是再换一面。当然，镜子可能本身也有问题，但都不如你把自己打扮得更好看一点儿来得实在，这样至少你不用太挑剔镜子，因为能够照出你的美丽的镜子也有很多。

拼命地指出他人的问题，不过是想证明自己是好的、是对的，不过是想获得一点儿价值感，证明自己是有用的。你变得好了，就可以满足我了，我就不用改变了。但是，一旦别人去改变来适应你，也就意味着你把自己困住了，因为你要依赖于这个人才能满足自己，然而你是很难去控制别人的。

五

所以，让自己自由、幸福、快乐的方式，就是意识到自己有"病"。这包括：

1. 拿回自己的责任。明白所有的问题都有自己应当承担责任的部分，改变自己能做的这部分，就会影响结果。

2. 看到自己的选择。面对一件事情，明白自己至少有三个选择。如果你觉得只有一种解决方案，那是因为你没有站在更高的角度上来看问题，用思维定式把自己框住了。

3. 感激一切。所有的痛苦、问题、你认为有问题的人，其实都是来帮助你成长的，要感激他们。

4. 欣赏自己。欣赏自己还能看到问题，并且能为解决问题而做些什么。仅仅为自己能做改变的那部分，去欣赏自己。

六

最后，我想说，当你意识到自己有问题，觉得自己不好的时候，不要觉得自己一无所有，起码你还知道自己有病。因为有病就有机会治，治了就有机会好，好了就有机会幸福，因此知道自己有病也就代表有机会获得幸福。

当你意识不到自己有问题的时候，那可能才是真的患上"绝症"了。因为完美是不存在的，单方面的错误也是不存在的。你如果连问题都意识不到，那就真的是一无所有了，因为连改变的意识都没有，那么机会也就更无从谈起了。

还有就是放过自己。要知道绝对的心理健康和绝对的身体健康都是泡沫。我们都有病，但是有病并不意味着我们要自责和自卑，我们可以通过它找到活得更好、更幸福的途径。

知道自己有病，就有机会改变自己，从而更幸福快乐。

古人常说："小人无错，君子常过。"小人从来不觉得自己有问题，问题都是他人的；君子经常反思自己哪儿做得不好。于是就有了："行有不得，反求诸己。"也就是说，如果事情没有做成，就要反思自己。

古人都知道君子常常反思自己的问题，发现自己的"病"，更何况接受现代文明教育的我们呢？

记住，"病"，是个"褒义词"！因此我们可以说："至少我还知道自己有病，你知道吗？"或者，"我有病，我骄傲，你有吗？"

一个人最大的悲哀，
就是不愿做自己

一

自我的迷失，是城市人的一种通病。

每天浑浑噩噩，像机器一样过日子，不知道自己在做什么，更不知道自己为什么做。常常羡慕那些有理想、有追求的人，羡慕他们的清醒和幸福，然后感叹自己的一无所长、一无是处。

幸福的人就是成功的人，他们都有这样的特点：很清楚自己是谁，自己有什么，自己要什么。他们做着自己想做的事，走在自己的人生轨迹上，他们把优秀或平淡当成一种目标，但从来不会去羡慕别人有什么或者抱怨自己没有什么。同时，他们有三种能力：耐得住寂寞的能力，经得起挫折的能力，守得住成功的能力。

总结起来就是：无论环境怎么变化，他们都能坚定地做自己。

自我价值感高的人，很了解自己，也能做回自己，所以他们会很幸福。可是城市里偏偏有这么多人，价值感很低，不能做自己。我常常听到很多人说起同样的感受：心里空空的，不知道在哪儿，不知道在做什么，不知道该做什么，不知道该往哪儿走。也害怕闲下来，一旦闲下来，心里更是空荡荡的，不知所措。于是就迫使自己忙碌起来，但是即使忙碌，也会突然感到悲伤，感觉不到真正的自己。

失去自己的时候，有两种情况：一种情况是感觉不到真正的自己，找不到存在感，心里空空的，空虚感弥漫；另外一种情况是通过心理防御机制填补这个空洞，就会通过羡慕别人或贬低别人来塑造一个理想中的"我应该有的形象"，也就是建立所谓的"社会人格"。

二

我也曾经常常感到无比挫败，那种感觉仿佛我是世界上最无用的人。在那个时候，虽然朋友们会说"你真的很优秀"，但自己还是会在角落里独自忧伤：哪里优秀了？你们眼里的那么优秀有什么用？论生活，我还是不会照顾自己，不会做饭，只会点外卖，还不如隔壁家不学无术的宅男，起码他会做饭，能把自己照顾得很好；论赚钱，既赚不到钱，也不会理财，每月的工资所剩无几，还不如楼下做导购的小姑娘，虽然挣得不多，但小日子依然过得很滋润。

朋友们虽然都夸我专业好，可这个也会被我否定。我也看不到自己的好，论专业我比不上人家的专业水平，论变现我也转化不出多少实际价值，高不成低不就的，还不如单位的小设计，就凭会设计这一点，他们就可以找到自己的方向。

我曾经常常这样看不起自己，不仅是觉得自己能力不济，也常常不喜欢自己的性格。记得做销售的那段日子，朋友们常常说我睿智、幽默、安静。他们说的时候，我会高兴那么一会儿，但是在剩下的时间里，我常常为自己的内向、放不开、腼腆而痛苦不已。总之，那时候的我从来不觉得自己好，我在青春的岁月里感受到的除了挫败就是迷茫。我常常不知道自己为什么而活着，也就只能麻木地活下去。

不能做自己的人就是这样，无法面对自己内心的空虚或挫败，所以会从别人身上找素材去塑造一个理想的我。每个人身上一个优点，拼起来就是一个理想的我。而拼凑的方式，就是羡慕。

这时候实际上就是把自己丢了。只想成为另外一个我，而不喜欢现在的我。感觉不到自己的时候，也很可怕，很想有人陪，很想找人说话，也想做些事情，想通过忙碌与外界的刺激来逃避真实的自己。

人好像只要忙起来，就不用再去面对自己这里不好那里不好了。

三

我有时候也会抱怨命运为什么对我不公，为什么把好运都给了别人，直到看到一幅漫画：有个人在指责上帝为什么让他这么悲惨，可是他不知道的是，上帝已经对大部分苦难进行了拦截。我们总埋怨上帝为什么没有把我们塑造成完美的人，可是上帝给的，恰恰是独一无二的完美。

我用了很长的时间去理解这两句话："我们都是生命能量独一无二的见证"和"一切都是最好的安排"。

有一个这样的故事：丞相跟国王说，一切都是最好的安排。国王认为丞相只会溜须拍马。狩猎时，国王的一根手指被花豹所残，丞相以同样的话对答，国王一怒之下将其关入牢中，丞相仍说同样的话。国王继续狩猎，被食人族所擒，正当食人族要将其烹煮祭祖之时，骤然发现他少了一根手指，认为他是不完整的人，所以部落首领将其释放。回国后，国王释放丞相，感恩其言："果然是最好的安排，但是爱卿被囚数十日，又何解？"丞相说："如果我不是在狱中，那随国王狩猎的将是我，被烹的人也就是我。"

故事很长，也很短，无非就是说一切都是最好的安排。至于这个结论是怎么被证明的，也很简单，当事情发生的时候，丞相总能找出积极的意义——这就是最好的安排。

换个角度看，其实命运已经安排了一个足够好的自己给你。足够好不是完美，没有人是完美的，但对每个人来说，现在呈现出来的自己，都是足够好的自己。

我知道我是一个不完美的人，我不会做饭，但我会写字，我无须两样都会。我知道我不会理财，但我有赚钱的欲望。有些东西我想学就可以学，就算不学也没关系，并不是只有掌握所有技能，我才是好的。我知道我内向腼腆，我可以不去做销售而转为做文案。即使要我去做销售也没关系，我的这种内向腼腆会给人踏实的感觉。我欣赏自己的这些特质，我可以去改变，也可以不去改变。无论我持怎样的态度，我都不会排斥自己。不会做饭的人是我，不会理财的人也是我，这都是我。这些只是我的不同侧面，无所谓好坏。

允许自己有好有坏，就是接纳自己。除了接纳，我还可以欣赏自己。

再转念一想，为什么我做不好家务呢？因为我不喜欢秩序。

如果我把家里整理得井井有条、干干净净，虽然住着愉悦，但这种愉悦又会给我陌生感。这种陌生感就是拘谨，就是乱动东西的时候总感觉在破坏整齐的那种不自由，就是用完东西后必须放回原位的不自由感。可这种内心的自由、散乱、无秩序，不正是我独特、发散思维、不按套路出牌、有创意的源泉吗？这不正是我被人喜欢的地方吗？

这哪里是缺点，这是多么棒的自己啊！

世界上根本就没有缺点，所谓的缺点，只不过是优点的伪装，只不过是别人眼里的片面。我本来就很好，不需要羡慕别人、成为别人。

四

成为你自己，一共分四步：

接纳自己。接纳自己，是成为自己的开始。接纳我自己，接纳自己现在的样子。我改变很好，不改变也很好。

欣赏自己。我欣赏我自己，我发现我所具有的缺点其实只是特点，也有很棒的一面。我所有的特点合并起来，成了独一无二的我。

丰富自己。接纳和欣赏，并不是故步自封。我可以向别人学习他好的一面，这不代表我是不好的，而是我可以有更丰富的人生，既可以像我这样，又可以像他那样。

最后是为自己庆祝。庆祝自己有想尝试不一样的事物的勇气。每当我做出一分努力，我都会庆祝那一分改变。我喜欢自由散漫的自己，也喜欢渴望成为家庭主厨的自己。于是我买了一口锅，尝试变得有点不一样。我自己煮了一碗面条，虽然有点糊，但我还是为自己做出了改变而庆祝。我是业余的主厨，并不专业，但是，我正在尝试一些不一样的事！

五

一个人最大的悲哀，就是常常弄丢自己，常常想成为理想中的自己，常常想拥有很多，常常想生活在更舒适的环境里，却忘记了：你本来是什么样子，你拥有了什么，你拥有的有什么价值。

你常常想放弃的真实的你恰好是最美的你。

找到内心真正喜欢的事

一

我觉得人应该跟随自己的内心，去做自己真正喜欢做的事情，而不是为了生存，做着一份工作，明明不开心，却又无可奈何。或者瞻前顾后，不知所向。当我这么说的时候，并不是要清高到不顾社会与家庭的责任，狂热于自己的所爱。其实，我始终觉得，做一件自己真正喜欢做的事情，不仅可以让自己快乐、自由，让自己有价值感，更能轻松获得财富，解决好生存和责任问题。因为你真正想做这件事情时，你必然能发挥主观能动性并且有能力做好。

只是很多人会问我这个问题：我自己想要的是什么？

的确，在我们被教育的过程中，学会了很多应该做什么、应该怎么做，却很少会思考或被问及我们想要什么、喜欢什么。在这样的教育背景下，很多人非常聪明，充满智慧，当他们做一件事情的时候，很轻易地就能做好，但是做后却不是很开心，甚至陷入深深的空虚中。他们不知道自己要的是什么，于是只能用更努力工作、交际、看电影来打发时间，逃避内心真正的自己，继续麻木地生活。直到很多年后物质富裕、生活小康后又一次将这个一度被压抑的问题推上风口浪尖——人活着到底为了什么？

很多人就是因此从事业有成的企业高管跨行成为心理工作者的。他们获得了世俗的成功，却不能获得内心的宁静。

二

我的答案就是：**做自己内心真正想做的事，顺便创造价值。如果这个顺序反了，先去追究价值再去问自己喜不喜欢，人就会陷入空虚。这时候你会分不清到底喜欢的是结果带来的附加荣誉和认同，还是参与这件事本身。**

我曾经很没安全感，为了那份看起来很好的薪水，做了一份稳定的工作。但是我对工作充满了抗拒、拖延，我不快乐，也不甘心。虽然别人都很羡慕，但是如果让我按照大家的想法继续做这份工作，那我会一生感到缺憾。于是我辞职了。我辞职的时候无比困惑、迷茫，未来在哪儿，我全然不知。想做什么和能做什么，我都不知道。

还好我只是很茫然，并不是很焦虑。在我茫然的时候，我干脆就不去思考"我到底想干什么"这个问题了。我只是闲着，单纯地闲着。在家看看书，上上网，见见朋友，聊聊天。然后不可思议的事发生了：很久前一起上课的同学邀请我去他所在的城市讲课，在读研究生时的导师突然找我给他做一份市场营销书，读书时候认识的一个朋友突然跟我说他驻扎北京了，想做些公益，问我有没有兴趣，陆续有人通过各种渠道找到我问心理咨询怎么收费，好朋友突然说有个政府单位需要每周两天的心理咨询，肥水（好机会）不想流入外人田……

别看我很忙，但这些收入都非常非常低，都是那种象征性的佣金甚至没有佣金。这些事情里，我感兴趣的就去做，不感兴趣的就拒绝。反正都没多少钱，无所谓挣不挣钱，只考虑喜不喜欢就好了。

于是我很忙，而且乐此不疲。好些我感兴趣的事突然就来了。那种感觉就是，我不是在为任何人做任何事，我只属于我自己，做我想做的事。那种感觉就是，**别人在配合我做我想做的，而不是我在配合别人。**

我依然不确定未来会怎么样，或许靠微薄的收入勉强糊口。但是我内心有一道光，这道光让我坚信，只要按当下的状态走下去，我就会走出自己的路。那是一道让我心安的光。那种感觉，比我有一份稳定、高收入的工作，更让我平静、喜悦。

三

当我出去讲课的时候，很多人表达出一种羡慕之情，对我的生活状态充满了向往：自由、做我所爱、不焦虑且陶醉于自己的生活。我也会去问他们：**你为什么不也这样做呢？自由又不是什么难事，人人都可以得到的。我得到最多的答案是：**

1. 不敢，年纪大了，考虑得太多。

2. 不知道自己要什么。

那一刻我感觉到，对他们来说，有些顺序反了，这让他们很难找到内心真正喜欢的事。

其实人内心都知道自己喜欢什么，只是在受教育的过程中渐渐地被灌输了那是"不正当"的事情，是不能当成主业的思想。例如，有的人对美食充满了兴趣，有的人对艺术充满了兴趣，有的人只是对收藏感兴趣。但是多年的教育告诉他们，把这些当成业余爱好娱乐下就好了，不要当成工作去做。而我所受的教育则告诉我：稳定的工作，才叫工作。

兴趣和喜欢，经常与我们内心的"正当"发生冲突，导致我们没法把兴趣放在第一位。我们对"工作"的狭隘理解，让我们无法将兴趣纳入其中。

他们的顺序就是：先正常，再喜欢。

正常是一种对社会认同的匮乏。仿佛自己没有跟随主流的声音去生活，就会失去社会认同，就会众叛亲离一样。现实也的确如此，当你做出一个身边的、圈子里的人都不能理解的决定的时候，你就会遇到很多来自他们的阻力，他们会不理解你、劝你，再加上你所受的教育、你内心的理念带来的自我怀疑，这让你很难有动力走出这样一座围城。

毕竟，喜不喜欢没那么重要，自己是否正常才重要。

四

即使意识到了自己喜欢的是什么，也不敢将它放到工作的范畴中。因为他们的理念就是：把兴趣当成主业去做的时候，就会有生存压力，这份压力会把你的激情扼杀掉。

或者他们的理由是：我年纪大了，有很多现实因素要考虑，不敢轻举妄动。实际上他们所谓的现实因素，多数跟钱、稳定和社会资源有关，简单地说就是跟生存有关。

他们的顺序就是：先生存，再喜欢。

这是很多人安全感匮乏的表现。总以为有了大量的金钱、有了地位、工作稳定才有安全感，总认为有了一份名正言顺、大家眼里的正统工作才有归属感。这时候无论你做的是不是内心真正想做的，你首先都会把工作的目的定为赚钱和谋生，而不是创造，依然觉得物质上有所收获才会有安全感。

可是真正的兴趣是你会想着怎么把它做好，而不是怎么赚到钱。虽然说你做好了就能赚到钱，但是赚钱只是一种结果，它不该成为目的。所以，一份让你热爱的事业，必然是先愉悦你自己的，就像是成瘾一样，而不是先满足安全感。

然而这很难。安全感横在中间，导致人们即使知道自己想要什么，也不敢贸然去开始做。

马斯洛需求层次理论谈道：人的需求从低到高依次为生理需求、安全需求、社交需求、尊重需求、自我实现需求，当人满足了前面的需求后，后面的需求才可能被满足。

这就很好地解释了为什么很多人在事业有成后反而开始追问人生的意义。因为他们做了很多工作来满足生理需求、安全需求、社交需求、尊重需求，这些都实现了之后才让自我实现需求浮现出来。

先赚到足够的钱，然后开始去思考自己喜欢什么，不失为一条稳定又安全的路。遗憾的是，多数人到活力失去的那一天，都没有赚到能让自己充满安全感的钱。

五

如果你是在为满足对社会认同和安全感的需求而工作，那么可能十年、二十年后，当你功成名就、生活稳定的时候，你依然会去追问"我到底想要什么"这个关于自我实现的问题。当外在的金钱、地位、名利、崇拜都无法再刺激你的时候，你依然会去问：我想做的到底是什么？

那个时候再去思考当然也可以。只是为什么要放到十年、二十年后？为什么不现在就去考虑这个问题？为什么不去做你喜欢的事，然后为之奋斗？

我把马斯洛的需求层次理论倒过来做了一个假设：

当人们为满足自我实现需求而去奋斗的时候，他就可以做得很开心，陶醉其中。而陶醉会带来乐趣，乐趣会增强兴趣，兴趣会带来巨大的创造力。创造力则是取得成就最大的驱动力，充分发挥创造力就很容易有成就。有成就后，爱、尊重、归属感、安全感、社会认同等，也都会接踵而来。那么你必然是容易成功的，而且是走了捷径的。

正如马云抛弃大学老师这个"铁饭碗"后创业时所说的：赚钱是一种结果，它从来不是我们的目的。

六

只是找到这个能让你实现自我价值的事情看起来很困难，即找到你最爱的事业看起来是很困难的。

我说的是看起来很困难。因为实际上并不困难，你觉得困难是因为你没有决定去找。难的是你不去找，而不是找不到。

你需要让自己停下来，什么都不做。即使你暂时没有办法完全停下来，你也可以尽可能多地让自己时间的钟摆停止摇摆。空余的时间是非常有意义的，在那段时间里，你不需要考虑任何现实因素，你只需要问问自己的感觉：你想不想，你喜不喜欢，你有什么冲动。然后你就跟着你的冲动去做，你的内心会主动告诉你它想要什么。

你所热爱的，不必去找，只要你空下来，它自己就会来找你。

当你从焦虑中解放了自己，给了自己足够的时间、精力，不再被工作与生活拖着走，真正做回自己的主人时，也许你会有片刻彷徨、自责。你内心还会对自己有很多评判，比如觉得自己没有毅力。

很抱歉，坚持也是一个理性要求。尝试就是放弃—更换—再放弃—再尝试的过程。直到有一天，你无意间发现在某条路上走了很远，而且在做这件事情时其实不那么计较结果和功利，那么这件事就是你想做的。

七

很多人不敢停下来的根本原因就是焦虑，怕自己不工作的时候耐不住空虚，怕落后，怕没钱，怕失去工作，怕堕落，怕很多。

这都是你内心的恐惧，一个"糟糕至极"的恐惧，仿佛只要停歇片刻就会被彻底抛弃一样。

你完全可以停一阵子，毕竟又不是要停一辈子。你可以辞掉一份工作，休息一阵子，半年、一年，或者像李安导演一样——六年。没有这个勇气的话，你也可以每周、每天停一阵子，一个小时、半个小时，又或者像乔布斯一样，每天拿出一点儿时间，什么都不干。

其实现实没那么糟。你需要一个耐受的空间，需要按下暂停键。停下只不过是为了更好地开始。你可以坚定这个信念：终会有一个事业，让你愿意为它付出……一阵子。

这也就是哲人说的"慢慢走，让灵魂跟上"吧。

你有很多不好，
但并不影响你可以活得很好

一

有一次看到了黄渤自己的一个爆料。他说：有一次坐高铁的时候将外套和包都落在了火车上，刚从朋友那儿借的5万块钱也同时落在了火车上，在一个新的城市，身无分文。

不小心到这种程度，实在让人匪夷所思。不知道他那时候是什么感受，如果是我，我一定会觉得很无助，因为我马上就联想到了不久前我的手机也是在出差的时候这么丢的。丢的那会儿我狠狠地嘲笑了自己一番，这么贵重的东西居然这么愚蠢地弄丢了。我突然就觉得很无助，在一个陌生的城市，没有认识的人，没有人安慰；突然觉得自己在外面生活好累，什么都做不好，什么事情都要自己承担。

被问到的时候，黄渤说，不只是因为不小心，主要还是因为自己常常丢三落四。我不知道5万块钱对于他来说是什么概念，但是，丢三落四肯定对他的生活造成过不少困扰。

我也经常丢三落四，丢过很多东西，心疼得很，每当丢了东西，就觉得自己真没用，觉得自己在这个城市无依无靠。

黄渤又说，自己有选择困难症，家里买了个床垫，但是因为一直选不出合适的床，所以一直睡在底下没有床的床垫上。想想就觉得可爱，没有床所以只好睡在床垫上，对他来说，选择该有多么困难。徐铮也接茬儿说，跟黄渤一起去购物是件痛苦的事情，因为他能在一个货架前伫立很久。

这个毛病我很熟悉，因为我就是这样，常常在几个选择之间徘徊，无从下手。身边好多朋友也都这样，常常会因为在试衣镜前选不出衣服而不得不全部放弃，回家再考虑；会走到一个路口犹豫好几分钟从哪条路回家，选择了之后又反悔，倒回去走另外一条；甚至会因为给 QQ 空间换一个皮肤而纠结得要命，然后嘲笑自己一顿，多大点儿的事值得我这么纠结。更要命的是，因为选择困难，所以拖延。又因为拖延，而很多事情做得着急，所以有时候会急火攻心，难受不已。

可是黄渤还是成功了，虽然他有这些性格上的缺点，但这并不影响他成功。

二

有一天下午我出去做了一场关于人际吸引的讲座，谈到了自我价值的话题。其间我让一些学员谈谈自己的优点，好多人谈起优点的时候展现出了自我价值感低的一面。**他们总**

觉得自己的这些优点有着另外一面，觉得自己的优点本身是个缺点。奇怪的是，当他们谈论自己的缺点的时候却非常坦然和坚信，并不会把缺点当成优点来谈论。结果就成了：优点其实是缺点，缺点还是缺点。这常常让他们感到很无助。

冬季的寒风肆虐着城市，又有很多朋友跟我说起他们的无助：在这个城市什么都没有，连能力也没有。缺点那么多，不会做饭，没有办法照顾好自己；专业能力低，工作总是做不好；性格内向，找不到心仪的对象。除此之外还有其他缺点，做事优柔寡断，总是失败；没有幽默感，人缘差；任性冲动，低级错误一犯再犯；安全感匮乏，没有至交好友。这些都还不算完，拖延邋遢，生活凌乱不堪，意志消沉，整日迷茫，不知明天在哪里。

还有些朋友说起，他有多么无助，犯了多么低级的错误，那些过错又是多么不可饶恕，以致他无处躲藏，只想逃离。这话说得仿佛他是世界上最不幸的人，没有能力在这个城市生存下去。而他只是在硬撑，因为无路可退，又迟迟看不到出路。

我常常为他们的这种无助叹息。我也有很多毛病，普通话说不好，讲着讲着就会被打断，被人说你能不能说得清晰一点儿；逻辑混乱，讲课的时候常常会因为卡住而忘记下一段；长相难看，优柔寡断，没有人会喜欢。我也常常感到无助，觉得待不下去了，只想放弃。

我的自我否定持续了很久很久，我感到特别无助。直到我的咨询师问了我一个问题，我才开始去正视这种无助：

既然你这么差劲，那么是什么让你活到了现在？

三

我觉得我不会做饭，没有生活能力，可是我没有饿着，没有冻着，没得大病，活得健健康康。

我觉得我业务能力不是很强，可还是领着薪水，不负债，不向家里要钱，自己养活自己，偶尔攒攒小钱。

我觉得我优柔寡断，拖延成性，可是我还是做出了那么多决定，做完了那么多事情，有了那么多成就。

我觉得我性格内向，邋遢不堪，可是还是有那么多朋友关心我，愿意和我做朋友，愿意和我说话，愿意帮助我也愿意接受我的帮助。

我觉得我任性冲动，内心幼稚，可是我还是用闯劲儿闯出了自己的一片天，积累了很多别人难以企及的资源。

我有那么多缺点，那么多不好，那么多自己看不起自己的地方，那么多的挫败，那么多的无助，可是到现在我不仅活着，而且活得好好的。如果我真的那么差，那么我可能会步履维艰，甚至可能要靠在桥下乞讨才能让自己活下去，可是我没有。

我完成了这么多事，还好好地长到这么大。如果我真的那么糟糕，那么这些是怎么发生的呢？

　　一个人能活到现在，说明他有很多好的地方支撑着他。这部分是值得欣赏的，可是对很多人来说，这些好的地方就像是飞走了一样，很少听他们提起。

　　自我价值感低的人，总是不愿意看到自己的好，只喜欢看到自己的不好；总是不愿意看到自己做到的，总喜欢看到自己没做到的；总是不愿意看到自己做得好的，总喜欢看到自己没做好的。似乎把事情做好，是很简单、很正常的，但是做不好却是因为自己太无能了。

　　想放弃自己的人有两种：一种是觉得自己真的很差；另一种是不仅觉得自己差，而且觉得自己犯了太可笑的错误，无法原谅自己。然而这两种人又都没有放弃，都在坚持着。

　　自我价值感低的人就这样，觉得自己很差，又不愿意放弃，总幻想着错误都可以改正，幻想着事情都可以做好。错误改着改着又犯了，事情做着做着又败了。于是自我价值感更低，他更看不起自己，更觉得自己一无是处、一事无成，未来毫无希望，自己毫无价值。

　　他们看自己，看到的是挫败。旁观的我看他们，看到的是坚持。像曾经的我一样，即使自我感觉这么差了，即使那么多次想放弃，也没有真正地放弃自己。

四

　　既然没有放弃，就可以活得更好。也许没有取得多大的成就，但却可以活得更有意义，更开心，更轻松，更有力量。这时候需要的是价值感的转化，去发现一个一直被你忽视，却无比坚定地存在着的事实：

你的这些不好并不影响你的好。

你虽然有 100 个不好，但有 101 个好，你要相信你的好总会多于你的不好，所以你才能够活下来，而且活得这么好。你要做的，不是盯着自己的这 100 个不好不放，而是找出自己的 101 个好，找着找着，你就会发现自己拥有更多的好。

既然你能看到优点也有不够优秀的一面，那么你也完全可以看到缺点也有优秀的一面，给你带来益处的一面。人格特质只是一种特质，无所谓好坏，你愿意看到优秀的时候就可以看到优秀。譬如，有时候我把邋遢看成一种优秀，当我看到有强迫症的朋友把屋子收拾得那么干净的时候，便觉得，正是懒得收拾让我有了更多的精力和心思投入我热爱的事业中。

你不必做到 100 分。你有 68 分的专业能力，就足够胜任你的工作；你不是只有成为圣人或具备 100 分的能力才能工作。你可以向着 100 分努力，但也要允许自己达不到。当你从 60 分提升到 68 分时，你就已经可以庆祝自己的进步了，而不是总盯着自己有 32 分拿不到这一点。同样，不必为你的性格有部分缺陷而感到痛苦和无助，你不是完美的人，你已经做了很多了，已经做得很好了，你可以努力做得更好，但并不是只有做到完美时才能认可自己。这很像小时候参加奥林匹克竞赛，你能参加竞赛，就已经很优秀了，你可以努力获得一等奖，但是不必因为得不到一等奖而说自己学习差。

为什么我们会这么追求完美，不愿意看到自己做到的，只愿意盯着自己的不足？我用分数做比喻时，不禁想起了从小到大的那些时光，在考试中，无论我们考出什么样的分数，只要不是满分，我们就被"教育"那些分数是怎么失去的，我们便总是盯着那些失去的分数并为之惋惜。长大后，我们不用分数来衡量成就了，但是依然没有摆脱这种模式。

五

接纳自己，我有很多不好，但这并不影响我成功，我依然可以做成事情。我不是只有变得完美才可以活得很好。

时刻记得，你的不好不会抹掉你的好，你的不好也并不影响你的好。

每个人都是只不会爬树的鸭子

一

我刚毕业的时候，进入了一家新公司，企图成为一个正规的讲师。我面临着各种要求：

1. 每天着正装。我发现我喜欢穿的宽松衣服都是被禁止的。

2. 下班将自己的工位收拾干净，工椅归位。我发现我总是忘了收走桌子上的纸团，忘了把椅子放回去。

3. 上班佩戴工卡。我习惯把工卡装在口袋里，因为那个东西套在脖子上让我感到有些不舒服。

4. 上下班刷指纹。于是，我在上班路上就开始念叨"刷指纹，刷指纹"；离下班还有很久的时候就开始惦记：别忘了，别忘了！

我也很想做个合格的员工，这些经验和我上学的时候完全不一样，我做的调整就是每天战战兢兢地应付这些事。我每天晚上都要强迫自己洗衬衣，每天强迫自己整理工位，每天强迫自己、提醒自己遵守各种制度；但我还是挨批评最多的那个人。

我强迫自己不仅是因为我害怕被批评，还因为我希望自己可以变得好起来，或者说"正常"起来。我也想成为一个整洁有序、生活规律的人。我也不想每日懒懒散散、健忘、毫无纪律。当我看到单位里所有人在这个方面都做得轻松又自然的时候，我陷入了很大的迷思：这个并不是很难呀，为什么我做起来这么难？光是遵守规章制度，就花费掉了我巨大的力气。

结果就是，我是我们部门最差劲的人。态度不端正，纪律总遵守不好；工作不到位，基本的标准都达不到或只能勉强达到；状态不自然，PPT 没有逻辑性，讲课准备不充分，思路不开阔……我突然发现，这里新来的、年纪小的，都比我做得好很多。本来岗位基础就弱，我现在又把大部分的精力投放到应对纪律上，这一切使我筋疲力尽。领导一直说做个有心人，说我不用心。是啊，这么简单的事都做不好，在别人看来，只能用不用心来解释了吧。

二

我开始否定过去这几年的经历。我上大学的时候，四处学习，自己开讲座，风风火火，备受尊重。但是踏入职场之后，我居然一无是处。

我罗列了自己一大堆缺点：乱丢乱放、不注意形象、散漫、健忘、注意力不集中、缺乏自理能力，整体看来没有一点儿人样。然后我越列越难过，觉得自己连个人都不配做了。想到这儿，我突然就多了一个问题：

我在做什么？我为什么要这么折磨自己？我的优点是什么？！

我又罗列了一大堆优点：发散性思维强、感受力强、直觉力强、创造力强、敏锐、有上进心、与人为善……能讲心理学知识，能写作，能销售，能说服人。

那我是怎么打败自己的呢？

我用了大家通用的、正常的标准来要求自己。大多数人可以把PPT做得很华丽，生活规律，上下班自然地打卡，桌子随时整理，东西随手放回。他们似乎天生就会这些，根本不需要投入什么精力来管理这些事。所以，他们有更多的精力让自己的工作更到位，思路更清晰。而我，为了满足自己的某些心理需求，居然要去拿他们天生就会的这些东西来要求自己。

我相信，我可以做到。通过刻苦的训练，我就能做到像他们一样标准化。

但我为什么要这么做呢？

三

直到一位比我更"目无规则"的新老师过来给我们做培

训时，我才突然醒悟。她每天都迟到，而且违反了公司"女性不能穿得太花哨"的规定。她脾气大，目中无人，说话火药味很浓。第一天我们对她特别反感，感觉这种工作氛围很压抑。第二天却觉得她人虽然很另类，但是讲的东西特别实用。第三天开始很欣赏她，认为她有个性、有深度、有魅力、有学问。于是，我们私下了解了她的背景——她是在公司工作了十年的元老级员工，个性古怪，教学风格犀利，战果累累，她所教出来的学员和员工，很多都在自己的领域所向披靡。

除羡慕她的特权外，我有了新感受：与其避短，不如扬长。

即使你有所短，哪怕比正常人都短，只要你长的地方长得有用、有价值，你短的部分依然可以被包容。

《亮剑》中的李云龙，一个不守规矩、屡屡犯错的人，组织虽然一直骂他却离不开他，因为他有别人无法取代的特长。我也曾经如此，在我上个单位里，我也有这些缺点，但是领导却无法开除我，对我又爱又恨，因为我有干劲、有新思路、有业绩。我也可以改掉这些缺点，变得"正常"，但那样的话，我就真的变成"正常人"了。

避短的好处是符合木桶原理，可生活是一个木桶吗？人跟人之间，比的其实是三个部分：

短处有多短。

长处有多长。

综合水平有多好。

这三个部分，你无论在哪个部分占优势，都是个很优秀的人。但如果你不接纳这样的自己，想改掉自己不好的地方，弥补自己的不足之处，那么这会是个好选择吗？

你弥补自己的不足之处的目的是什么呢？这看起来好像会提升你的整体和平均水平，让你更有竞争力；但真的是这样吗？

弥补短处有时候是以损伤长处为代价的。一个人的精力是有限的，你对短处越执着，就意味着你在长处上可使用的时间就会越少。短处需要花时间填补，长处就不需要花时间发展了吗？你是世界第一吗？到底是在修补短处上花精力收益更大，还是在发展长处上花精力收益更大呢？

所以，补短，到底是提升了你的综合水平，还是降低了你的综合水平呢？

以下三种样子，到底哪种才是生活的样子呢？

1. 是个木桶，看的是最短板。只要你有某个短板，你就会被淘汰掉。短板决定论。

2. 是高考，考的是综合水平。哪里长哪里短都不重要，最后比的是综合后的总分。总体决定论。

3. 是一项运动比赛，比的是长项。你生活不能自理、你脾气很大、你游泳不及格，这些都没关系，只要你长跑足够快就好了。长板决定论。

我们常常陷入第一种状态去责怪自己不够好的地方，并想改正它。这实际上就是在要求一个厨师学跑步，并且跟他说：一个不会开车的厨子不是个好运动员。

四

对我来说，我意识到了避短会影响我扬长。

一方面，我如果按照那么多细节变得标准，就会变得非常拘谨，这会让我感觉非常压抑，会让我不能随意调动自己的情绪，不敢随意去做自己喜欢的事，从而影响我的发挥。

另一方面，精力是有限的。我拼命去补短的时候，就忘了扬长。我疲于应对这些工作的时候，就来不及做喜欢做的事，不能放肆地读书和写作。

当我这么想的时候，我想放过我自己。我发现我不适合在大企业工作，我更喜欢自由自在地思考、读书和写作。在想做的时候做，想怎么做的时候就怎么做。**对于我不擅长的东西，我不再要求自己"正常"，更不想比他人好。我只想在我擅长的领域里，做得比别人好，甚至做到极致。**

我喜欢把课程做成去标准化的，我喜欢用我发散性的思维去设计我的课程。有榜样的，我去学习；没榜样的，我去创造。对于我的课程，我会做出我的特色，而不再一味追求标准化。这样的我才让我觉得安心、顺心。

如果我的课能打动你们，能给公司带来相应的效益，我相信我忘记打卡是可以被包容的，我乱糟糟的桌面也是可以被包容的，我还可以被允许以一个特立独行的姿态存在。如果我的长板没有长到可以让公司包容我，那么我就自己去创造一个能够包容自己的环境。

谁说人一定要融入某个环境，而不是去创造一个适合自己的环境呢?

后来,公司当然包容了我。像当年新东方的罗永浩一样,用长板征服了大家,也炒了老板俞敏洪。我选择做个自由职业者,而不是再在一个标准单一的环境里让自己显得很特别。

在那里,我学会了放下安全感。

我知道了,当我不能做得和别人一样的时候,不代表我比他们差。当我在某个领域或方面很差的时候,不代表我就是差的。并非在大家日常的、公认的领域里都达到正常水平才代表我好。

五

每个人都是一只不会爬树的鸭子。对于爬树来说,鸭子或许可以努力去学,努力做到标准。但是我怕学着学着,就忘记了自己会游泳的本领,成了一只不会游泳的鸭子。不去游泳的鸭子,在某种程度上等同于不会游泳的鸭子。

可是,将这些时间用来学习做一只会花样游泳的鸭子不好吗?会爬树的鸭子真的要比一只猴子好看吗?

如果你非要说爬树是在这个森林里生活的必备技能,那问题是,这只鸭子为什么非要执着地生活在森林里呢?有池塘的青青草原也适合它呀。太多人建议不要轻易换环境,鼓励坚持,鼓励克服短板,但很少有人去鼓励你,告诉你你是可以自由选择的,你是可以不去改的,你是可以去做你喜欢的事情的。

做不好有时候不是你的错，而是这个环境不适合你。

你不能说会爬树的鸭子就是比不会爬树的鸭子好，更不能拿不会游泳的猴子和不会爬树的鸭子做比较。重要的是，我也不会这么做了。

真实比优秀更容易被爱

一

我常常羡慕那些优秀的人，他们怎么可以把事情做得那么成功，他们怎么能够那么细致、努力。我很害怕那句"不怕别人比你优秀，就怕比你优秀的人比你更努力"。

但是后来，我眼里的很多优秀的人陆续来找我做心理咨询。那个时候，我觉得我的价值观开始分裂，这种分裂经常让我头昏脑涨。我发现那些优秀的人一方面陶醉于所做出的成就和所取得的地位，很有价值感；另一方面又很痛苦，为了保持这份优秀，他们经常失眠、焦虑、挫败，继而否定自我。

后来，我总结了他们的生活和思考特征，结果令我很惊讶。他们对自己的控制欲非常强，并且特别难以接受失控的时候。比如，他们想做一件事情，做不成就会焦虑，逼自己继续做。又如，他们不允许自己失误，尤其是不能犯低级的错误。再如，他们会强迫自己睡眠，睡不着的时候就更加焦虑。在我看来，对睡眠的控制也是一种控制，人怎么可能每次躺下就睡着呢？

怎么会有人要求自己从来不失眠？睡眠控制失败了也会感到挫败焦虑——失眠越来越严重。心理学会教人们，放松下来，就会睡着。也就是说，放下对睡眠的焦虑，放下睡着的想法，自然就睡着了。这也就意味着，对失眠者来说，需要放下对睡眠的控制和立马睡着这个目的。

然而这无疑是困难的，对于那些努力想变得更优秀的人，放下对目标的控制是难以接受的。

于是我发现优秀的人背后其实过得并不好。以前只是知道优秀的人压力大，现在知道了怎么个大法，就是神经敏感、脆弱、超负荷，对失败的接受度低，对生活失控的容忍度低。

二

然后我会跟这些案主（也称受助者或服务对象）讨论这样两个问题：

你为什么想努力做得这么好？

假如你失去了生活中所有的优秀之处，失去了所有能力，你用什么证明自己是值得被别人看到的呢？

然后，我发现这两个问题不同，但案主的回答却惊人地雷同——想努力做得很好，因为这样才能被人看到，这样才觉得活得有价值。他们陶醉于那种被人羡慕、喜欢和崇拜的世界，他们觉得这样很好，觉得很有成就感。所以，他们得出了一个结论：优秀是一种瘾。因为如果不优秀了，他们就不知道怎么证明自己的存在。

这种优秀的背后还有一种恐惧。这种恐惧就是害怕自己不优秀了，害怕自己没把事情做好，别人就会看不起自己。再进一步我们会发现，这种优秀背后是一种很深的被遗弃感：如果不努力做好，自己就会被抛弃。

深入探讨后发现，这种被遗弃的经验可能来自童年的经验，只有做得好才能得到表扬，才能得到妈妈的爱，才能获得亲密。然而不管来自什么，对于当下来说，这种经验显然是不合时宜的。并不是只有优秀才能获得他人的认可，并不是只有努力做好才能被别人看到。你如果能找到除了优秀之外还可以感受到自己有价值的事物，就能骄傲地活得轻松。

三

优秀的人不一定是被爱的。

第一，那些喜欢你的优秀的人，也不是真正喜欢你，而是喜欢你的那些特质。就像他们喜欢你的衣服，然后你自己穿上这身衣服，假装他们喜欢的是你的本质。如果有一天你不再优秀，他们的喜欢也会随之消失。其实你心里很清楚，你非常害怕自己不优秀，所以要花很多的精力去维持优秀，因为你只有很优秀才能得到别人的一点儿喜欢。

第二，进一步说就是，他们喜欢的也不是你的特质，他们喜欢的是自己，他们从你身上看到了理想的自己，借助于喜欢你拥有的理想的他们自己，来完成对自己的喜欢。所以，他们喜欢你的优秀的时候，喜欢的只是自己。

第三，相反，追求优秀可能导致更被疏远。当你极度想控制你的生活，极度想用优秀来证明自己的时候，你恰恰与你的愿望背道而驰了。因为你会不愿意承认和接纳自己不好的一部分，你会排斥和压抑自己不努力、堕落、犯错误的一部分，然后你就只能在自己面前呈现出不完整的一部分，也会在人前呈现出不完整的一部分。你跟别人之间有了界限，别人触摸不到你的全部，只能看到你的好，于是，只能羡慕和欣赏你的好，而触摸不到你的心。

你会发现走进优秀的人的心里的，不是欣赏他的优秀的人，而是知道他的痛的人。因为这个人能触摸到优秀的人的真实且被压抑的一部分。所以，人们才喜欢说："真正的朋友不是关心你飞得高不高，而是关心你飞得累不累。"累不累，就是人们为了压抑不好的那部分而付出的代价。

于是，你努力变优秀，获得了赞美，却失掉了和他人的连接。而你最初想优秀的目的，不过是想获得和他人更多的连接。

第四，优秀还有可能导致被讨厌。因为如果别人也有一颗想变优秀的心，跟你有同样的价值观，显然你的优秀会阻碍他变优秀，你就会被嫉妒、被打击。你的优秀会让他感觉自己很差，他也会因此而不喜欢你。

四

强迫自己变优秀未必是件好事。但是有一样东西比优秀更容易被人喜欢，那就是真实。

真实就是失败的是你，优秀的也是你；做得好的是你，做不好的也是你。无论哪个你，都是被喜欢的，他人对你的真实的喜欢通常跟你做了什么无关；而是你的存在本身就值得被喜欢。真实的你，才是最容易被人喜欢的。

真实的人敢于面对得与失、成与败。他如果只想做真实的自己，不控制，不刻意，那就是一个坦然的人，是一个不计较成败的人，也就能更从容地成功。

所以我发现，真正优秀的人的生活是很轻松的，只有那些努力让自己变得很优秀的人才活得很累。因为真正优秀的人不是因为努力才变得优秀的，而是他们端正了心态、选对了方法。努力通过控制自己而变得优秀的人也可以显得很优秀，但却容易因为疲惫而难以持续优秀。

真实的人是接纳自己的人，他跟自己在一起了，所以他很轻松自然。他能跟自己在一起，也能跟别人在一起。

当你是放松的、自然的，别人跟你在一起会更愉悦，因此更喜欢你。相反，若你是紧绷的、攻击性强的、用力的、刻意的，别人就无法跟你相处，触摸不到你，更谈不上喜欢你了。所以，真实比优秀更可爱，更招人喜欢，更让人乐于亲近。

五

　　如果你也在努力变得优秀，那我会建议你放下对优秀的渴求和焦虑，先做回自己，一个人学会面对失败，才能学会接受成功；学会坦然面对失控，才能完成对自己的控制。无论是对自己还是对他人。当你停下来，慢下来，真起来时，你才会发现，其实优秀不过是一个结果，没有你想得那么重要。

　　你要知道的是，即使你什么都不做，什么都做不好，在一些人眼里，你依然能被看到，依然是值得被喜欢的。因为你的存在本身就值得被喜欢。那是你真实的自己。

　　真实的你，接地气的你，有缺点和失败的你，才是最可爱、最值得被人爱的人。

　　当然，如果你想追求的喜欢是所有人的喜欢，就当我没说。因为你就算优秀到天际，也是得不到所有人的喜欢的。

在迷茫的弯路里也有风景

一

很多人说起自己的迷茫，不知所措。以前我以为迷茫是年轻人的专利，大家都在嚷嚷着"谁的青春不迷茫"来相互安慰。但是后来我渐渐发现，迷茫无处不在，无时不在，甚至与我们相伴一生，渗透到生活的各个领域。

一个在外企工作了十年的男人说起了他的迷茫，这令我很诧异。在他人眼里，他是优异且目标明晰的。他从毕业后就找到了这份稳定、体面且收入高的工作，他一做就做了十年并小有所成。毕业后的那几年，在很多人还在纠结要找什么工作、频繁跳槽的时候，他已经是个小主管。但是现在他却说他一直很迷茫，以前可以忍受，现在已经迷茫到了忍无可忍却无法突破的状态。

他不知道该不该辞职，不知道该如何去应对工作。毕业后的十年他就一直在这个单位里，成为一颗螺丝钉，并在这个钉眼里钻得很深，耗尽了他一生的能量。他有所成，但不快乐。他越来越感觉到人应该做自己真正想做的事，应该找份可以让自己开心的工作。他说再这么下去，他会感觉到窒息的恐惧。他想过离开，可是他已迈向四十，走了还会做什么，还能做什么呢？从而立到不惑，他只有更多困惑。

在所有人都认为他选了一条直路，一条迈向成功的康庄大道的时候，他却说他走了十年的弯路，进入了死胡同。他宁愿刚出校门的时候多摸索几年，至少见识过，选择过，也就不会有这十年的弯路。

一个结婚三年的女人，带着天真无邪的孩子，也说起了她的迷茫。她不知道这段婚姻是对是错，不知道该如何是好。她说他们两个人就是平行线，他对她很好，给她钱花，很多事都让着她，但是她感觉全错了。他疲于工作，疏于家庭。她喜欢文艺，他热爱工程，他们连争论都没有，也没有共同兴趣。她说她对于婚姻的唯一期待就是"有个懂我的人"，可是现在只有一个"给我钱花的人"，她说钱她自己也会赚。她不知道怎么应对这段婚姻，她说身边的小情侣们安于贫穷但志同道合令她很羡慕，她说她跟单位某个小五岁的小伙聊得来，这让她很快乐。她又感觉到很绝望：一方面恨自己不该在对婚姻无知的时候就仓促结婚；另一方面更恨自己身在围城还心猿意马不够忠诚，居然对别的男人产生了感觉。她不知道现在该怎么办。

在别人眼里，她是幸福的。那个男的非常优秀，对她也好。所有人都羡慕她找到了这样一个如意郎君，赞叹上帝太宠她。

她也曾经觉得幸运，少走了很多弯路，遇到的第一个伴侣就可以直接结婚。但是多年后却发现当初全错了，为什么不多谈几场恋爱，至少先弄明白什么是爱情。

我发现那些看起来幸福、成功和坚定的人，他们的迷茫一点儿都不比我们少，痛苦也是。我也曾经如此痛苦。在我刚毕业那会儿，不知道该去做什么工作，不知道该去哪个城市，不知道想要什么样的未来，不知道该怎么度过这一生。后来尝试了很多工作后，我发现依然放不下心理学。于是绕了一大圈后，我背起了包漂到北京，企图找到答案；但是就算走了自己的路，日子也不怎么好过。一方面，漫天的压力从四面袭来，让我再次迷茫，我怀疑自己到底适不适合做这些，能不能待在这里，无数次怀疑自己想要什么；另一方面，当我坚持要做与心理学有关的事情的时候，我又陷入了以什么形式、做哪个方向、从哪儿开始的迷茫。

迷茫就像空气一样，一度在这个城市上空弥漫着。我无数次想把它撕碎，却无数次失败。很多年过去了，我在迷茫中无数次尝试、选择，走出了一条自己的路，对人生的方向渐渐明晰起来，但是我依然会迷茫。不同的是，我不再排斥迷茫，而是已经开始学着和迷茫做朋友，让它来帮助我。这个朋友很可爱，我发现它长这般模样：

无论你怎样迷茫，日子还得正常过。

只要你去尝试，去行动，时间比你的大脑更清楚答案。

其实无所谓好坏。你永远都无法退回去比较哪个选择更

好，但你可以决定当下的选择就是最好的。

迷茫是一生的状态，与年龄无关。因此可以接纳迷茫，带着迷茫前进。

迷茫就像难过一样，是再普通不过的情绪。这个情绪的存在，是为了让你更好地认识自己，避免盲目。

二

然后再说人为什么会迷茫。

迷茫在说：我想改变。迷茫只是对现状的不满意，想寻求改变和突破。当你得意的时候就不会感觉到迷茫。只是让自己更好的这条路过于艰辛：知道了现状不是想要的，却不知道什么是想要的。知道了什么是想要的，又不知道该不该跟随自己的内心去做，明确了后又不知道该从哪里开始。但起码我们可以去感谢迷茫，至少它在告诉我，我还想更好。

这就说到了什么样的选择是更好的。人终究只能知道过去，不知道未来。除非到事情发生的那一刻，否则你永远不知道结果是什么。因此人就会充满不安，不知道当下的选择是好是坏，于是我们就选择了在迷茫中徘徊。

迷茫又在说：我想知道这么做明天会有什么结果，并且确定这个结果在众多选择中是最好的。可是这一点连上帝都做不到。为了实现这个比较，人们就发明了神奇的武器来做上帝做不到的事情：规条。人们用固有的思维模式来预测未来。

比如，对我而言，我以前认为稳定的、专一的、当时确定的、从头坚持到尾的，才是好的；而频繁换工作及方向、迟疑地不肯迈出脚步、不能确定要走的路，就是坏的。我假设了前一种有个好结果，那么我按照这种规条的指导就不会错。而另外一种人则用另外一种规条来要求自己：多尝试、多见识、敢于比较、敢于放弃，忠于内心就是好的；而死板地遵守、明知不适合还在坚持、明知错了还在固执的就是坏的。他们会用另外一种规条来生活，以得到一个好的结果。

当初的规条驱使我们做了一个选择，结果却不那么尽如人意。于是我觉得这两种人应该打一架，把对方掐死：你嘚瑟什么，这么不珍惜自己的所有。

只是到底哪种选择才是好的呢？似乎找到了这个好的选择，就能不再迷茫。

就像那个让我们乐了无数次的鸡汤故事：挖井时，到底是在一个地方一直挖能挖到水呢，还是挖不到就赶紧换个地方呢？在你挖到水之前，你永远都不能判断水到底是在更深处还是在别处。即使你挖到了，也不能确定你目前的选择就比那个没选的更好。

我们不能去评判到底哪种生活观是好的，哪种是坏的。优秀的射手可以把箭直接射中靶心，这是一种勇士，他经历了你难以想象的艰辛；平凡的射手射出很多箭，总有一支射中靶心，也是一种勇士，他敢于去尝试后再选择最好的。还有一种有智慧的射手，他在箭射出后，到箭插入的地方画一个圆心。他们都找到了最终的快乐，到了终点。我们都在羡慕第一种，那是比尔·盖茨生来就是为代码而活的优秀，那是执着于目标的努力。我们多数人挣扎在第二种，做很多努力以得到公认的正确答案，满足于把自己限制在自己的规条所设定的对的框架。但我们却忘记了可以做第三种：除了调整目前的生活状态之外，你还可以调整自己的观点，接纳自己现在的生活，并找到理由支持自己的生活，发现生活中的美。这就是一切都是最好的安排。

人生活在这世上的方式本来就没有对错好坏，只是人生道路不同而已。

三

迷茫使我们放下对自己过高的期待。我发现，迷茫的背后还有一个对自己特别高的期待：当我选择时，我期待能选出一生要坚持的路。当我恋爱时，我期待能确定这是一生要陪伴的人。这是"恋爱就要结婚"的谬论，是过高的期待。我很想这样，但是我也知道这不是所有人都能做到的。所以，当我不断否定自己的选择，不断徘徊于选择的时候，我才会这么难过，因为我没有实现我"既然选择了就要坚持到底"的期待。

我想起了我曾经的一个朋友。她结婚，我没去。这是个曾经无数次向我声嘶力竭地宣泄她的迷茫和痛苦的姑娘：在大城市里挣扎，工作不定，感情不定，人生陷入了低谷。那时候我很惭愧，不知道该怎么帮她。后来，她折腾够了，路渐渐清晰了，她说到了谷底才明白自己最想要的是什么。她回到老家，当了中学教师，跟初恋结了婚。她结婚的时候我没敢去，我怕，我怕我看着她终于在经历过无尽的迷茫后走出了一条路，我怕听她当面说出这些在QQ里说出的话："我结婚了，我们今年刚贷款买了房，准备明年再买辆车，后年生个娃……"

她从老家出来，又回到老家。跟初恋分手，恋人几经更换，又跟初恋结婚。我不知道她走的这些路是弯路还是直路，是不是绕了一圈又回去了，浪费了几年，人生进度比同村的姑娘落后了很多。但是，她一定比那些毕业就结婚生子的同学更懂得珍惜，更不会迷茫。因为她有资本说：我见过外面，所以不再向往。我意识到迷茫教会了她很多。

四

迷茫也教会了我很多。因此，你不能说弯路的风景美，还是直路的风景美。都说少走了弯路，就错过了风景。你甚至不能说弯路就比直路晚到达目的地。你怎么知道你选择的直路就不是弯路呢？你又怎么知道现在的弯路其实是更近的路呢？

因为迷茫，所以更坚定。这或许就是所谓的势能，迷茫的时间越久，沉淀的东西就越多，当真正需要选择的时刻来临时，你就会更坚定地做出选择。你要做的只是：允许当下所呈现的任何生活现状的存在，你可以喜欢或者不喜欢，你可以坚持或者放弃，这都很好。你不必选择了一种生活方式后，又向往另外一种生活方式。

因此，接纳生活以它的方式呈现给你的风景。弯路里不仅有风景，也可能有被忽视的近路。

何况，你还可能在路上收获另外的风景。

怎样战胜拖延症？
先开始做，别想着一下就做好

一

作为一名资深拖延症患者，我曾经深受其苦。

有时候我觉得这是成功学对我的毒害，那时候它让我变成了一个励志型青年，让我学会了"要成功，就得比别人付出四倍的努力"和"要成功，就要学会给自己制订梦想和计划"等，于是我成功地拖延了做这两个东西的时间：努力和梦想。

例如，在某个瞬间，我突然觉得着实不该让人生黯淡无光。我要做的事太多，要锻炼身体，要多读书，要学英语，要多社交，要学会旅游，要好好工作等。然后我很兴奋地给自己默默地罗列了一堆该做的事，决定从明天开始做，并列了诸如此类的计划：每天早上 7 点准时去跑步。第二天，我一睁眼就发现已经快 8 点了，然后内心挣扎着要不要起床，摸起手机刷几轮微信、微博等，再内心挣扎了一下就 9 点多了，望着窗外的太阳做了个深呼吸：明天再开始吧！

我的拖延的严重程度当然绝非仅仅如此。我不仅在生活中有这么多要求，在工作中也是，以前领导交代一项任务的时候，我会想等等再弄，直到马上就要到截止日期，才硬着头皮去做。写报告的时候，我也是等等再写。即使是闲散的时候，我想写一篇文章也会以"还没准备好"为由等等再写，或者写了一半觉得不好又删了重写，直到两小时过去了还是只写了个开头，然后就不写了或者下次再写。

无数次决定了要开始，无数次又说再等等。有一次我问自己，这个等到底是要等到什么状态，才发现自己的心在说：等等，我再准备下。我还没有绝对的把握做好，我还没有清晰的思路，我还没有想好该怎么做，害怕领导和客户不满意，更怕做出来的结果连自己这一关都过不了。

接着我就告诉自己：怪不得我一直拖延。

二

我问拖延：你为什么非要找我，咱俩无冤无仇，你到底看上我哪里，要这么形影不离。拖延说它想保护我，它说了两句话：

你想做的事情很多。你想在最短的时间内把很多事情、很多细节都做到。每个细节都很重要，但你不知道从哪儿开始。

你对自己要求很高，虽然大家都同意这件事其实不必做到那么好，但你还是想努力做好。

这两句话说的其实就是一件事：我对自己要求太多太高，而且我不能接受自己做不到，所以只能拖延。毕竟，没做要比没做好让人舒服点。前者意味着还有希望，后者则说明我就是不行。

我发现写一个微博的拖延程度要远远低于写一篇长报告，实行一个今天骑车去香山玩的计划的拖延程度要远远低于每天骑车绕森林公园一小时锻炼的计划，更新一个网站页面的拖延程度远不及找设计师讨论新网站的架构和设计。这不仅是任务大小的问题，还是任务难易的问题。**对于架构大的、程度复杂的、难度较高的、惩罚较大的任务，我们普遍容易拖延，反之则容易开始。**

然而在现实生活中，并没有那么多值得我们拖延的任务，很多任务是我们自己在想象中把它给变大、变复杂、变高难度、变大惩罚的，我们自己才是拖延的原因。

印象深刻的是上学那会儿，作为励志青年，我一定要在同学们都约会或出去玩的晚上悄悄跑到自习室学习，我给了自己一个暗示：我要学习。然而到了自习室决定开始看书的时候，问题就来了：我先看什么呢？先从哪章开始看呢？结果就成了把这本书翻几页，接着又换一本翻几页。到现在也会这样，比如，在工作中，先做哪项工作呢？做了 A 一会儿，觉得还是先做 B 吧，结果是都开了个小头，但都留下了大尾巴。

那一刻的幻想就是：把这几件事都做好，现在就做好。我什么都想学，都想做。在那一刻，是我自己把这个任务放大了。

并且，我不能接纳自己草草了事，我要求完成任务的质量也不能低，出来的结果不能让我自己不满意。于是，我对结果质量的要求增加了任务的难度。

对于任务的数量也是如此，我还要求自己照顾到相关的细节。都说细节决定成败，我怎么能允许自己草草放过。

接下来的拖延就顺理成章了：我没有把握在这个时间段内高质量、大量地完成难度这么大的任务，那就不能开始做。我要等到我足够有信心，做好充分的准备，能做到正确与完美，不会出差错的时候，我才欣然为之。当我评估我还没有绝对的把握，还没有足够的能力去做的时候，我就要再准备一下。

有一种拖延就是这么产生的，非要做好。那为什么非要做好呢？

因为在想象里，做不好就有惩罚。**拖延的背后就是担心、害怕和恐惧。怕自己做不好，怕自己犯错。一旦做错了甚至只是没做好，在想象里就认为这会导致一种灾难性、严重的后果。**

而且在别人的惩罚到来之前，必须先自己惩罚自己。所以如果没有达到自己的标准，自己都难以接受，通过自责、内疚、羞愧、挫败、自我否定来惩罚自己。这样再接受别人的惩罚的时候，就好受一点儿了。

所以，当我不确定能让自己满意的时候，我就选择了拖延，等等再做，这样我就可以做好，就可以不犯错。拖延就是这

样保护了我们。

除非你意识到对自己的要求有哪些，认识到你是这个世界上对自己最苛刻的人，你才有可能真正做起事情来，轻松起来，不再这样折磨自己。做，就要求自己做好，做不好就骂自己。不做，就骂自己拖延、无用，连这个毛病都克服不了。

三

但其实没做好，外界已经没有那么大的惩罚了。只是我们内心还不愿意放过自己。

我和我的小伙伴们从小就对自己有很高的要求，做事不能犯错，考试不能考倒数。到后来这些标准都内化成了"正常标准"：我对自己的要求也不高啊，就是正常水平而已。考个班级中等水平高吗？没要求自己考第一啊！拿个一万块薪水高吗？身边的人都两万起啊！做个活只要领导满意就行，没要求多完美啊！写个毕业论文不要求发核心期刊，只要发表就行。不想拿一等奖学金，可是我连二等都拿不到……

当我们达不到自己的"正常标准"的时候，就开始骂自己：我没有拿到奖学金就代表我很差劲，我写完论文后老师挑了很多错就代表我很差劲，我没有得到领导表扬就代表我很差劲，我的薪水比隔壁的姑娘都低就代表我很差劲……我有一万个时刻在跟自己说——我很差劲。但是我却较少说——我真棒！

　　我说自己很差劲又代表了我还没有放弃改变：我还想要做好，下次一定一定要做好。就为了这个"一定一定"，所以下次机会来的时候，我就想做好，要准备好了才去做，要有百分之百的把握才去做。

　　这只是我们内心深处的"大法官"。每个人内心都有自己的评判标准，住着一个大法官。大法官决定着这件事做到什么程度才是好的，才算令人满意。我们需要去看看大法官的尺度在哪里。为什么我做得不好他就派我自己来骂我？我在想谁给了他这么大的权力，让他来折磨我。

　　大法官用两种方式来折磨我们：

　　做，就要做到最好。不存在马马虎虎随便了事的状态。

　　只有做到最好，你才是有用的。做不到最好，你就是没用的。

　　在大法官折磨我们的时候，拖延就跳出来和大法官大战三百回合：你在潜意识里这么耀武扬威，考虑过主人的现实情况吗？做不到，我不让他做了还不行吗？

四

　　大法官来自我的童年。在我很小的时候，妈妈就多有批评少有表扬。我做好了，就是理所当然，不用说；我没做好，就会遭到批评和责骂。于是为了更多地得到表扬，更少地受到责骂，我只能要求自己做到更好。这样我才可以活下来。

那时候我还需要妈妈的爱。所以，她有权力判断我做的事情是否够好，就用这个标准来决定给我表扬还是批评，而我把这个标准一用就是二十年。

现在我们长大了，真的长大了。我们可以拿回妈妈的那个标准了。我才是我是否优秀的决定者和判断者，我才是决定把事情做到什么程度的那个人。虽然我把妈妈的标准拿到手了，并且内化为自己的，一直用这个标准要求着自己，但是现在我知道了我还可以拥有另外一套标准，我可以决定自己是否优秀，做得是否够好。

或许我做不了那么好、那么多了，或许我能做得那么好、那么多。但是我决定不再等确信自己能做得那么好才开始去做。也许我真的不能做好，但是我起码可以开始去做了。

所以，我换了一套标准来要求自己：只要开始去做，我就欣赏自己。虽然我依然达不到很高的标准，写的字依然很差，但是起码我写了，这就比拖着不写要好很多。我的能力真的有限，怎么做都做不到完美。所以，当我面临着两个选择的时候，我选择了后者。这两个选择就是：拖着等到准备得足够好的时候才去做，然后迟迟开始不了；现在就开始做，虽然做不好也接纳自己做得不算太成功。

五

然后欣赏自己。

欣赏自己就是看到自己做到的那部分，对于我而言，我开始运动了，开始读书了，开始工作了。虽然也是三天打鱼，两天晒网，但我相信随着熟练度的增加，我会做得越来越多。起码，我开始做了，不是吗？

我发现做事有几种态度，我按我认为的重要性在这几者之间做了一个序位：做并做好、做了即使做得不够好、要么不做要么做好、拖到最后一分钟草草做了。

做完这个给自己参考的序位的时候，我发现我以前常常选择最后一个。拖到最后期限，然后急急忙忙做完，这样虽然也是做完了，但终究不如从刚开始就慢慢做做得好。我为什么会那样选择呢？我发现，因为如果在到最后期限的时候交上，那么就算做得不好，也不会焦虑了。因为你根本就没时间去挣扎：要不要改？你也没机会后悔：破罐子破摔，就这样吧！

做，不一定要做好。谁说一定要等确认自己能做到100分才开始做呢？有的事情重要，需要我反复核对再去做。但是并不是所有事情都这么重要，我总得允许自己有些事做到60分就好，并且在只有能力做到40分的时候就开始做。

"做了就要做好"是个规条，这样的规条的积极一面是会让自己努力；消极的一面就是会让自己很累，更会让自己在面临有一定难度的任务的时候拖延，以致无法开始。

我允许自己失利，
正如允许自己成功一样

一

想把该做的事情做好，这是人之常情。当事情做成了的时候，我们会有很大的喜悦和快感。但是当事情没有做成的时候如何应对，却正悄悄显示着人们之间的差异。

我见过很多对自己要求很高的人，想把做的每一件事都做好。接受不了自己差劲，接受不了失败，接受不了自己居然连很简单的事情都做不好，连基本的目标都实现不了，连所有人都会的事情都不会。更要命的是，一件事没做好，又一件也没做好。有一件事没做，还有一堆事没有做。压力就会接踵而来，你烦躁不安，很想逃，很想扔了什么都不管，很想找个地方躲起来，老老实实待着，什么都不做，可是又无处可逃。有时候制订了一个计划，却没有实现，于是你感到无助。有时候目标没有达到，你会骂自己，于是充满挫败感。有时候只是犯了一个简单的错误，你却感到更加挫败。你整个人都散发着三个字：挫败感。

情绪就这么被堆积着，一触即发。似乎每个人都会有那么一段时间，总觉得自己什么都做不好，糟糕极了。你这时候不想照顾任何人，因为自己已经那么缺乏他人的照顾。最好也不要有任何人来打扰你，不然，只会伤害到你。你用强大的理性来把挫败感压抑住，于是感到烦躁，觉得还得照顾他人的感受，挫败感就更强。

挫败感是对自己的愤怒。那一刻很恨自己为什么这么无能，为什么诸事不顺。又有很多委屈，好想有人或者上帝可以帮自己做好，让诸事顺利，心想事成。

然而，心想事成只是一个美好的愿望。

太多人争强好胜，认为既然做了，就要把事情做好。他们看不得别人比自己做得好，虽然不一定会嫉妒，但常常暗暗较劲：超过他。这其实还是看不得自己做得不好。

想把事情做好，想把关系维系好，想成就一个优秀的自己，这是人类的一种本能。希望是人类最美好的事物之一，充满了希望就充满了动力。但是希望却不该成为一种压力，让自己窒息。

这唯一的区别就是，我是否允许自己做不好，正如我允许自己做好一样。

我有向上的动力，我渴望做好，我渴望优秀，我渴望顺利完成任务，渴望维系好关系，渴望证明自己，渴望在做事的时候可以顺利。这都无可厚非，我给自己确定目标，制订计划，让自己可以更好地利用规划的路线来完成这个目标。

但是拥有期待和制订计划，是为了更好地为自己服务，而不是为了让它成为天条来压迫自己。并不是我制订了计划就绝不允许修改，并不是我设立了目标就绝不允许失败，并不是我做了事情就绝不允许自己做得不好，更不是我没有做好就代表我不好了。

挫败感是在以某种规条约束着自己：我是不能犯错的，我是不能做不好的。如果我们再加上"绝对"两个字，就会觉得更有趣：我绝对不允许计划实施中有差错，我绝对不允许事情做不好，我绝对不允许自己比别人差。当我这么绝对化的时候，你会觉得我在折磨自己吗？

挫败就是，我如果没有做好，甚至只是没有做得优秀，就不放过自己，就拿内在的愤怒和烦躁来折磨自己。因为我的情绪在说："你不该犯错，你不该做不好。"

古人说："人非圣贤，孰能无过？"即使任务再简单，也存在犯错的概率。无论你多用心，多努力，你都无法避免犯错。如果犯错和做不好是人之常情，那么，为什么我们不允许它发生在这一次呢？

二

为什么不去接纳，接纳我这次没有做好？我不是神，不可能所有时候把所有事情都做好。接纳我这次失败，因为我不可能所有时间都不失败。接纳我这次不够优秀，因为我不可能在所有方面都比他们优秀。

臣服。臣服于宇宙起起伏伏的规律。我这次没做好，就会有一次做得好。我这次遭遇挫败，就会有一次骄傲。人类最愚蠢的想法，难道不是如此吗？做好的时候不表扬自己，做得不好的时候就责骂自己。

爱自己。爱自己就是放过自己，不去跟自己较真。我们把不允许自己犯错的心叫作完美主义。完美主义是人类折磨自己的强大武器。

我对自己有个美好的期待，我确定目标并制订计划，我努力去实现它，同时我也允许自己失败。那是一件很正常的事情，再简单的事情也有失败的概率。如果设定目标、做一件事情，只允许成功这一个结果，岂不很悲哀吗？你问过事情的感受吗，当它被强迫只能从一个出口出来的时候？

当我允许自己失败的时候，这并不意味着我放弃了成功。我会努力去取得成功，但不会要求自己一定成功。这也不意味着我将放纵自己，我只是不想再为已经发生的事情而感到自责和愧疚，我会整理好自己的思绪，降低下次发生错误的概率。同时，我也不会再强迫自己做事情只能成功不能出错，我会努力，但不再强求结果。

中国人喜欢说：谋事在人，成事在天。我怎么做，是我的事情。成不成，是天的事情。我如果要越界替天做决定，那活该被自己折磨。

当你再次体验到挫败感的时候，你可以做一个决定，放过你自己。你可以这样告诉自己：我允许我这次没有做好，无论环境多么不允许，我都要放过自己，我可以下次更努力地做好，但这次我允许自己没有做好。

允许自己失利，正如允许自己成功一样。

敢于接受失败的人，才可能取得成功。因为他知道结果有千万种可能性并且不论结果如何都能够承担，他就不怕开始做。因此，知道了怎么应对失败，就知道怎么开始做。如果你连失败都不怕了，最坏的结果都能承受，还有什么会阻碍你去做的脚步呢？

安之若素，处之泰然。君子不忧不惧。这不是很美的境界，很豁达的人生吗？

努力是种病：
放慢节奏，才能快速奔跑

一 工作很忙吗？

一个朋友说，感觉压力很大，很想回老家。谈起这个话题的时候他说，自己工作非常努力、认真、尽责，手上做着好几个项目，每天要处理些琐碎的工作，还要处理跟领导、客户、下属的关系，感觉非常疲惫。朋友很想趁年轻的时候多累积点资本，但是却感觉力不从心。我跟他谈了很久，慢慢领悟到一个道理：慢就是快。知道如何停止的人，才知道如何加速。

努力几乎是这座城市甚至这个时代的通病。工作努力的人，会不满足于手上的项目，主动寻求更多项目。当领导增加工作量的时候，他们不懂得拒绝，总觉得这是本职工作，应该做好。即使不是本职工作被要求加班，他们也有很多理由说服自己接受。不被要求的部分，自己也很努力，每份报告都会检查很多次以避免出错，每件事情都要做到最好。

这样的工作方式,会让一个人付出特别多的时间和精力,心力迅速耗竭,只能用理性强撑着。为了维护这个节奏,他们还要给自己一个很能说服自己的理由:责任。

我对于这种努力负责任的方式是充满疑问的:让自己这么累,让自己硬撑,会使自己越来越讨厌工作的,这就是责任吗?对自己的感受都不能负责的人,可以对工作负好责吗?

我所理解的责任,就是不勉强。不喜欢做的时候不要勉强,因为你勉强会带来低效率或厌恶感,让你下次更不想做。不喜欢就应该让更适合这个工作的人来完成。强迫自己背负责任感,不一定是件好事。

二 努力是种病

你在工作中非常努力地承担责任,而且完成得很好。这背后,代价是极其隐蔽和惨重的,它会导致你对另外一个领域非常不负责任。任何付出都有相应的代价,因为一个人的精力和时间都是有限的。当你把时间和精力较多地投入工作中的时候:

家庭及伴侣关系会失衡。家人或恋人感觉到了你的冷漠与不关心,你会把工作中的情绪不自觉地带到另外一个人身上。如果有小孩你就完蛋了,依恋关系建立不良、安全感匮乏,这对小孩是致命伤。很多男人会由此抱怨女人:我赚钱养家,你怎么就不能照顾好孩子呢?女人也会抱怨:我每天工作那么累，你为什么都不关心和体谅我一下呢？

个人生活会失衡。你在感兴趣的书法、绘画、烹饪等方面付出的时间和精力都会相应地打折扣。这也就意味着生活渐渐丧失了情趣和调整心情的事物，你只能浅尝辄止地做一点儿或不做了。当生活中失去了可以让你调整心情的事物的时候，麻烦就来了，每天很努力地应付工作，但是失去了存在感；不得不努力，却找不到努力的动力。努力成了一种自我强迫，心情会更加糟糕。内心本来有团可以燃烧生命的炽热的火，现在被困在囚笼里即将熄灭。

失去了反思和觉察的时间。这个更糟糕，当你把精力大部分放到工作、小部分放到照顾家人上的时候，你已经没有精力照顾自己了，更没有精力去反思现状，总结工作，洞察人生，提升智商、情商、灵商等一系列商值。这就意味着你只能去应付工作，盲目奔跑，而没时间停一下，反思一下是否在朝着正确的方向奔跑。这时候你不是在工作，而是在被工作，你正在被工作推着走。失去了反思的时间，代价是巨大的：专注能力下降，喜悦指数下降，直接导致工作效率降低，然后反过来再责备自己为什么不够努力及为什么不够专注，最后占用更多的精力和时间去工作，陷入恶性循环。

创新能力也会失去。一旦被努力工作，愉悦轻松工作的心情就难以保持；而失去了愉悦和轻松，创新也就成为奢谈。不能打破旧有的框架，不能寻找新的出路，不能标新立异，出奇制胜，只是在已经重复了多年的工作经验上再次重复，于是有人说：你不是有多年的工作经验，你只是把一个经验重复了多年。然而工作的灵魂却是创新意识，当这个灵魂缺失的时候，你的可替代性就变得非常强。于是你只能被定义为一个"劳动模范"。

身体免疫力降低。这个可能比上面的更糟糕。努力就意味着要损耗大量的精力，需要长时间保持某个动作、过度耗脑，甚至需要用加班与熬夜来实现努力。当发动机拼命运转的时候，就会过度发热，损耗过大时，离报废也就不远了。大脑被过度使用的时候，也会过度发热。大脑自发的保护状态就是变得反应迟钝、记忆力下降。这时候你还不让大脑保护自己，那你的身体只能调送能量来供给大脑，服从你的命令。于是你会发现，社会上出现了很多"年轻的老头"，他们只有二三十岁，但是却目无光泽，免疫力低，未老先衰。或者这么说更恰如其分：又老又丑。

工作效率低。当你生活、工作、身体都失衡的时候，你的工作会受到相应的冲击。人生是个系统，多个方面相互作用。后院起火的时候，前线的力量也会大打折扣。你会陷入更加焦躁不安的状态中：工作做不好，生活处理不好，身体变差。然后你就会更焦虑，更努力，恶性循环。

当然，人们这么努力地想做好，也是有所得的：人们的经验会告诉他，这样比较容易获得成功。老祖宗和我们从小受到的教育就充满了这些："吃得苦中苦，方为人上人"；"书山有路勤为径，学海无涯苦作舟"；"学习如爬山，爬山必有难，难中必有苦，苦中必有甜"。整个文化教育体系里都在宣扬一种努力吃苦方能成功的教育。于是，我们拼命努力，假装可以成功，至少可以让自己心安。让你相信，你可以通过自己的努力改变自己的命运。

我从来不反对人需要通过努力来改变命运这个观点。但是这么用力地努力，会让你付出极大的代价。

三　比努力更好的方法就是不努力

我渐渐发现，比努力更好的方法就是不努力。因为不努力才能更好地努力。当然，不努力不是放弃，而是学会顺其自然。朋友若有所思地说了句："我只把我该做的做好就行了。"

我说，完了，你所受的教育真正地限制了你。不是把该做的做好，而是把想做的做好就行了。**一个有努力意识的人，会把很多事都划分到自己的责任范围，都觉得应该做好，那么他应该做好的事就非常多。即使他非常不想做，也会强迫自己做好。**像曾经的我，觉得打扫好卫生、每天准时上下班、按规定打卡、完成领导布置的工作是应该做的。把应该做的做好，就已经需要很努力了。

如果一件事需要努力才能做好，那么这件事根本就不值得你去做。你真正想做的事，是不需要努力的。当我花了很多钱报了个兴趣班后，我会早早地去占座，这时候我根本不需要努力早起，到时间自己就会醒来然后飞奔到上课的地点。

当我脑子里产生了一个想法，我根本不需要努力把它写下来，我会情不自禁地打开电脑把它敲下来，即使是在午夜。当我想对某个女孩子好的时候，我就会忍不住想关心她，每隔两分钟就刷新一下她的微博，根本不需要努力。当一件事需要努力才能做好的时候，只能说明你的潜意识是抗拒的，它不想做，是你非要逼着它委屈下去，让你意识里的超我发挥作用，你的强大的理性非得把你的本心打死。心底压根儿就不想做的事情，为什么要反其道而行之，用它来折磨自己呢？

也许你会说，对工作有热爱和兴趣是件难事，而你要生存，要为工作负责。我只能说这是你把自己折磨得太累了。即使对工作没有那么爱，假如把你现在的工作量减少一半，你会做什么？你会很轻松地把现在的工作做好，不需要太努力，依然可以保持愉悦专注的心态，并且会主动做得更好。**我所理解的责任，应该是在能力、精力、职责范围内把事情做好，而不是做到最多。**

也许你还会说，工作繁忙，领导命令，不得不采用消耗自己的方式完成大量工作。我只能说，你太善于把责任推给领导或环境，而失去自己的主动权了。**作为领导，拼命给你安排工作是他的责任和权力，是他该做的事。而你的责任不是无条件地服从，而是选择在能力范围之内接受。**拒绝，是你的权利之一。尊重现实，你的确在你的能力和精力范围内都做不好，你的确有个人的事情需要处理，无法加班，你可以拒绝加班和拼命。虽然领导会有意见，但是他有意见是他的事情，你要照顾他的感受，那就只能放弃自己的感受了。如果你怕会被炒鱿鱼，那只能说你过于努力而丧失了专注和创新，导致你的可替代性太强。**一个好员工绝对不是服从命令、努力工作的人，而是让领导又爱又恨、讨厌又离不开的人。因为他有主见、有想法、有灵魂。**

这也是我想说的，**当你放弃努力的时候，你才可能真正做好，才可能真正对工作负责。**

对工作的负责是拿回主见、想法、创新、灵魂、轻松、愉悦，在一个工作点上精进，而不是不停加大工作量。而完成前面一串心态的动作就是：减负，拿回时间。因为当你有时间时，你才可以做到以下几点：

有创新与主见。只有有精力，你才可能精进，才可能有自己的想法。

有愉悦的心态。愉悦的心态不仅来自对工作的得心应手和从容，还来自对生活的热爱。当你去拾起对生活的热爱，有时间陪家人，有时间写书法，有时间烹饪，有时间调节生活，让自己的生活保持一种乐观开朗的状态，并把这种愉悦的心态迁移到工作里时，自然也可以享受工作。

有能力。能力除练习外，还取决于你的悟性、知识范围、人际关系广度。你有了时间，才能静下来，才能去读书、思考、参加活动并认识人。

而这一切都会反哺你的工作，让你在工作中有更多的资源，可以做得更好。所以这才是脱颖而出、负责任的方法。

古人说过：磨刀不误砍柴工。

但是代价也是有的。打破一个旧模式，进入一个新模式，需要启动无安全感来作为支撑。给自己减负、减少工作量、拒绝领导等，是一件很需要克服安全感的事。这不仅意味着会遭到领导的嫌弃、不爽，需要面对自己一段时间内收入会相对降低的情况，甚至还要担心被辞退。实际上单位招人成本过高，除非员工行为过分，否则一般不会辞退人。担心被辞退的人很可能是不懂得换位思考——站在公司的角度去考虑，招你进来及培养你成本都很高，谁喜欢主动放弃呢？何况你只是减少工作量，并不是不工作了。

四　慢比快更容易成功

慢下来，你才能懂得生活，懂得开始，懂得进步。哲人说，选择大于努力。成功不是你有多努力，而是在每个选择点上你都做出了最佳的选择。每次都做出最佳选择是不可能的，但做出相对好的选择却完全可以。较好的选择则是建立在充沛的精力、良好的体力、愉悦的心态上的，这就要求你：慢下来，给工作做减法而不是加法。

我曾经有两段时间非常忙，但是不怎么快乐，效率也很低。一段时间是在我的第二份工作里，我非常努力，上班时手里的项目比同事都多，下班时间还兼职给杂志写稿子。我常常晚上还在床上抱着电脑工作，然后抱着电脑睡觉，并暗暗欣赏自己这么努力，每天工作 16 个小时。另一段时间是我辞职在家后，信心爆棚，接了一本书稿，没日没夜地写，然后被否定，再然后我不甘心于是更努力地写，最终写了近 10 万字后，无疾而终。这两次我都很努力，但显然我违反了劳逸结合、停才能走的原则。后来，我绝望地放弃了写作，反而出现了时不时冒出灵感，忍不住要写的冲动。后来，我写得没那么疯狂了，却也发现作品质量高了，更受欢迎了。这件事让我真正明白，质量比数量更重要。而质量不是取决于多努力，**而是以饱满的精神愉悦地去做，这取决于慢。**

　　人可以做自己的领导者。最好的领导者绝不像诸葛亮那样鞠躬尽瘁，而是像司马懿那样耐得住寂寞，审时度势，敢于回家休息几年。所以，虽然司马懿在战争中经常失败，但是最终却赢得了整个三国。最好的工作者不是在前线冲锋陷阵，关注当下的任务量的人，而是能跳出来站到更高的角度看待长线，从长远的角度来布置现在，能够跳出现状并反思，然后重新选择现状的人。只有受害者才会觉得生活无奈，身不由己，无法生活，只能生存。

　　记住，你才是自己的主人，你才是生活的主人，你才能对未来负责，你才能对自己负责。换种方式，逆向思考，你就能拥有世界，放慢节奏，才能快速奔跑。

我在挫败下的一次无助感

一

爱情和工作，经常给我双重的打击。我常常感到很绝望，无助从四周的空气里袭来，让我窒息，无力应对。我最害怕这种无助感。有时候我会歪歪扭扭地在纸上写着：这几年相信什么，就被什么所伤，无论梦想还是爱情。曾经那么坚持的东西，最后都一无所有。然后看着空荡荡的房间，物品和心情都凌乱着，觉得骤然失去了人生的意义。

甚至想到死亡。

朋友突然跟我说他好惆怅，继而绝望。我问怎么了。他说，感觉自己一无是处，一事无成。我知道他的优秀，我诧异于他的感受。相拥而泣，抱头痛哭。不是为同情他，而是为发现无助原来这么正常。

看过林丹的一个采访。林丹说，很多次在面对巨大压力的时候，很想放弃羽毛球事业，回到大学里好好念书，做个平凡的学生，老老实实过日子。我也这样，这些天的恍惚，使我几度想逃，想就这样放弃，想回到老家，想找个陌生的地方安静地生活，想回到爸妈身边，然后找个简单的人结婚，找份简单的工作，安稳一辈子。但**我想林丹之所以成为超级丹，不是因为林丹幸运，他和我们一样在压力下体验着无助，不同的是，林丹没有逃。**

无助是那么常见，每个人都在不同的时候面对过。今天的我，感觉更加无助，接二连三的挫败，让我的心情差到了谷底。我在出租屋里，抱着自己哭了一晚上，感慨着可怜的自己。不知道深夜的什么时候，我做了一个决定，无论多无助，多孤独，多痛苦，我都要留下来面对，不再逃跑。

我决定穿越无助。

二

我开始去认真看无助的样子，感受我身上每一寸肌肤的感觉，看看无助在对我做什么。当我第一次看它的时候，我还是觉得很难受，那种吃不下、睡不着、精神恍惚的难受。但我看它的时候，它似乎并不想置我于死地，我突然感觉到其实我是可以驾驭自己的无助的。于是我开始相信，我可以穿越无助。我感觉我去看它的时候，正在经历一个不同寻常的心理旅程。

我决定接纳无助。无助感再次袭来，又一次企图将我打败，我微笑着看着它，然后说了声谢谢。我很痛，但我已不再害怕。

我允许自己流泪，因为真的痛，但是流泪不代表我被打败、我要逃。我就在这里看着它，我想看看它到底能把我怎样。我不再抗拒，我开始接纳，接纳我现在就是很无助，同时也不需要因为无助而否定自己。我就在这儿，无助也在这儿，我看着它，它和我在一起，但它已经不能再掌控我，我的无助不是我，所以我不会听它的话——让我逃我就逃。

无助继续肆虐，踩躏着我的心脏，踩着我的脑袋，压迫着我的身体，让我想发狂。像海面上起了狂风，撕卷着海浪向我扑来，乌云密布，狂暴至极，企图让我害怕，让我离开。我还是看着它，像看着一个很生气的小孩一样。我就在这里，我知道我是安全的，我只需看着它而什么都不必做。

不知道过了多久，狂风开始变小，乌云开始散去，海面趋于平静，虽然还是有风，但已不再那么剧烈。无助开始淡去，窗外，天很蓝，有汽车的声音，行人匆匆。屋里，钟表嘀嘀嗒嗒，桌子还是那个桌子，台灯还是那个台灯。一切都那么真实，什么都没发生，我还活着。

我又看了看我的无助，它还在那里，像一个玩累了的小孩，偶尔翻翻身，踢一下我的心脏，但是已经没有那么疼了。我告诉它，抱抱，我爱你。我抱起了它，抱起了我的无助。它就是一个淘气的孩子，虽然有时候很折磨人，但玩累了就会休息。我抱着它，就像抱着我那失去的爱情和梦想一样。它们都在，只是累了。

我在心里抱起了它，抱起了我的无助。眼泪再一次亲吻脸颊，这一次不是痛，而是心疼和感动。心疼自己，何必因为自己爱的一个孩子折磨自己、放弃自己？也为自己感动，无助来的时候没有逃，只是看着它变大又缩小，即使它像涨潮时的海浪让人害怕，也终究会慢慢退去。

当无助感开始减轻的时候，我想去看看刚才自己虽然身体一直窝在沙发上没有动，但心里经历了怎样的过程。

原来接纳无助，并不是多么晦涩的字眼。常常说起接纳，接纳感受，接纳就是看着它，而不必认同它。**接纳就是与它同在，而不必排斥它。接纳就是承认它是我的一部分，而不是全部。接纳就是了解无常，感受会出现，消失，再出现，再消失。把感受还给感受，感受并不是你自己。**

感受属于你而不是你。无助的时候之所以那么悲痛，原来只是认同了它，把它当成了自己的全部。我存在于这个世界，快乐过，伤心过，疯狂过，寂寞过，自我只是感受的一个载体。感受交替更换，自我未曾改变。生活除当下环境事件的刺激导致我产生了无助的感受外，还有很多，远方有妈妈的担心，城市有朋友的关注，门外可以买到鸡蛋灌饼，开窗可以吹到秋日凉爽的风，无助并不是世界的全部。视野渐宽，才发现无助不过是生命中的一部分，是我的一部分却并非我的全部。所以，我无须为它否定自己，否定全部，逃离现在的环境。

然后就可以思考无助对我的意义。

无助在告诉我，我很可怜，我需要保护，我需要帮助，我需要陪伴，我需要安慰。我是个可怜的孩子，我需要妈妈，可是我没有妈妈，我好惨。我不想去面对生活的压力，生活对我太残酷了，太不公平了。无助在呼喊：妈妈，你在哪里，为什么只有我一个人？

是啊，为什么只有我一个人？我仿佛回到了小时候农村的院子里，我一个人在院子里，一个人在家。爸爸妈妈去哪里了？我不知道。什么时候回来？我不知道。院子里没有任何人，只有我。从日正当午，到夕阳西下，到月亮升起，还是我一个人。陪伴我的，只有日光的变化、消失，然后月光洒在院子里。我打开院子里的电灯，光线又变成了昏暗的灯光。

那时候的我，不知道自己很可怜。但那时候的我，真的很可怜。

现在二十年过去了，我已经不再是当年的我了，可我还是当年的我。那种无助感，从来都没有变过。那时候我有妈妈，可是我似乎又没有妈妈。现在也差不多，没有一个像妈妈一样强大的人来保护我。

无助在告诉我，我还是像当年一样，没有能力面对这个嘈杂的世界。离开了妈妈，我什么都做不了。

我在想，现在的我如果回到当年那个院子里，我会为自己做什么呢？我会提前问好妈妈什么时候回来，以便自己心里有谱。我可以去邻居家吃饭玩耍，我可以去小伙伴家玩，我其实可以有很多方式来安抚自己，只是那时候我小，我不会而已。现在呢，现在的困境我一点儿办法都没有吗？

不是的。我有很多方法去处理，我甚至有一个终极的方法，可以帮我解脱出来：慢慢来。我还年轻，我还有很多机会，很多时间，别人用一年做到的事情我可以用五年，我为什么不慢慢来呢？

我想让自己好过一点儿。

理性渐渐代替了感受。于是我不再逃避，开始迈出第一步。一小步，那是我慢慢来的一小步。

三

当无助感袭来的时候，人会感觉一切都那么可怕。这种可怕不是因为现实真的可怕，而是因为无助控制了我们，淹没了我们。在某一个循环里，无助诱导着我们越想越糟糕，仿佛一辈子就完了一样，让我们实际否定自己，仿佛自己真的一无是处一样。

这种无助，实际上是一个人退行到了小时候。在早年的时候，我们每个人都经历过很多无助。我们的爸爸妈妈无法及时地照顾好我们，让我们有很多自己一个人面对生活和困难的经验。甚至对有的人来说，父母就是那个困难制造者，就是那个困难本身，对他们来说这更无助。而作为一个孩子，他是没有能力去应对这种无助的。为了活下来，他必须抽离自己，隔离自己，仿佛在身体里的这个人不是自己，只是一个机械的存在，这样他才能在无助带来的痛苦中活下来。

而长大后的无助，就是在提醒你：现在和那时候一样了，都没有办法去面对了。一样的处境，一样的心境。不同的是，现在你已经不是小孩了，你就算没有妈妈的帮助自己也可以。你有足够的能力保护自己，你有足够的资源可以让自己渡过困境，你有足够的时间可以让自己慢慢来。

当你看到现在有力量的自己后，你会心疼当年的你，感谢当年的你，欣赏现在的你。你会发现，其实你一直都很棒。

每个人都会感到无助。**无论是成功的人还是失败的人，无论是开朗的人还是忧郁的人，他们都有无助感。成功的人和开朗的人不是没有无助感，而是采用了积极的方式解读和面对无助。**不逃避，面对它就是一种成长。听听它，你就会找到力量。

享受生命，
不需要等到拥有这些那些

一

又快到月底了。我收到了中国电信发来的短信，大致是说：您的流量包月已用完并超额，您的短信包还有很多剩余，只使用了 20 多条，您的通话包月套餐内还剩 560 分钟通话时长。

我不禁感慨了下"真浪费"，却不会有"得赶紧用完"这样的想法，而是很坦然地接受自己浪费了这些。

然后我想到了大学的很多时光。那时候对于每分钟一毛二的话费我绝对很计较。对于使用 15 元还是 10 元的短信包套餐，我也会纠结许久。为了改个 5 元钱的套餐，我能在营业厅排队两个小时，对于中国移动推出的"情侣号""亲情号"绑定套餐会非常热衷，对于怎么省话费会进行无数次的对比和研究。想给对面楼上的女同学打个电话的时候，我也得考虑要不要过了 22 点，因为进入夜间时间可以便宜点。那时候充话费都是 10 元 20 元地充，而且是在收到"您的余额不足

10 元"的时候，我才去充。我那时候多么盼望不用为话费而犯愁，多么希望有个免费的电话打个够，或者有无限的钱充话费。那时候我觉得世界上幸福的事之一就是：打电话不用考虑话费！

时光荏苒，毕业多年。在这座城市为未来打拼的时候，我蓦然发现很多事情和当年并不一样了。充话费不再 10 元 20 元地充，而是每当看到欠费短信的时候，会直接充入三五百元，免去总要充值的麻烦。话费经常徘徊在每月 200 元也不觉得有什么。

突然对比了下现在和以往的生活，不禁发现已实现了大学时候的一个梦想：打电话不用纠结话费。是的，现在有事就会直接拨给谁，从来不去想话费多少、通话多久。不会再去计算和这个人通话花了多少钱，不会再去纠结这个短信要怎么写可以一条完成而不必分成两条。再加上微信等提供即时通信服务的应用程序的发展，我完全没有了话费方面的顾虑，实现了当年渴望的话费自由。

但能用来闲聊的时间和人却越来越少。

话费自由后，我发现我的快乐并不比那时候多，甚至没意识到自己曾经特别想要的东西已经得到了。我的痛苦变成了：

是咬咬牙分期买个新手机，还是一次性买个二手的旧款手机；是在四环内租个小但是交通方便的房子，还是到五环外租个大房子；是赶紧攒钱买房娶媳妇，还是应该自由自在地过好青春。

我所有的纠结又归为一个原因：太穷。钱不够才让我如此纠结。于是我想努力挣钱，实现这个梦。要是我能手机自由该有多好，要是我能有一套房子该有多好。

我去请教那些买了房的人，却发现他们的痛苦程度也不亚于我：孩子是应该交借读费去私立小学，还是应该去可以少交点钱的公立学校；现在的比亚迪是应该换成宝马以享受中年，还是应该把换车的钱留着给孩子将来用。他们也十分努力地想挣钱，因为他们觉得自己很缺钱。但是他们似乎并没有意识到，拿着我消费不起的最新款手机、有着一辆属于自己的车、住在北京四环里是一件幸福的事。就像我没有因为打电话不再纠结话费，有微信可以免费发短信而感到幸福一样。

我正在努力过上他们那样的生活。我顺理成章地想到，即使过上了我也会有同样的困惑和纠结，然后为更高的目标奋斗。直到我老去的那一年开始思考：我该用进口好药让自己多活几年，还是老了就别折腾了，为子女省点钱。

想想就觉得可怕。

这些纠结，其实不是因为穷，因为富人也有富人的纠结。这些纠结有一个共同特点：为了让自己未来能生活得更好。此刻我该怎么选择，可以让未来的生活更好一点儿，以至于人一直都活在为未来、下一刻做打算之中，从未活在当下过。

二

网上曾流行一段"乔布斯"的遗言自述，虽然是假的，但我觉得也值得一看：

作为一个世界 500 强公司的总裁，我曾经叱咤商界，无往不胜，在别人眼里，我的人生当然是成功的典范。但是除了工作，我的乐趣并不多，到后来，财富于我已经变成一种习惯的事实，正如我肥胖的身体——都是由多余的东西组成。

此刻，在病床上，我频繁地回忆起我自己的一生，发现曾经让我感到无限得意的所有社会名誉和财富，在即将到来的死亡面前已全部变得暗淡无光、毫无意义了。

我也在深夜里多次反问自己，如果我生前的一切被死亡重新估价后，已经失去了价值，那么我现在最想要的是什么，即金钱和名誉都没能带给我的是什么？

黑暗中，我看着那些金属检测仪器发出的幽绿的光和吱吱的声响，似乎感到死神温热的呼吸正向我靠拢。

现在我明白了，人的一生只要有够用的财富，就该去追求其他与财富无关的，应该是更重要的东西，也许是感情，也许是艺术，也许只是一个儿时的梦想。

无休止地追求财富只会让人变得贪婪和无趣，变成一个变态的怪物——正如我一生的写照。

上帝造人时，给我们以丰富的感官，是为了让我们去感受他预设在所有人心底的爱，而不是财富带来的虚幻。

我生前赢得的所有财富，我都无法带走，能带走的只有记忆中沉淀下来的纯真的感动以及和物质无关的爱与其他情感，我们无法否认它们的存在，它们也不会自己消失，这才是人生真正的财富。

"财富于我已经变成一种习惯的事实"的"乔布斯"，和手机话费交三五百已经成为一种习惯而不去考虑的我是一样的。或许我再努力奋斗二十年，财富于我也会成为一种习惯。

在重新审视自己为什么用不完这 500 多分钟的通话时间的时候，我归纳了两个原因：1. 不想打，觉得没意思；2. 找不到人打，不知道打给谁。

我们总觉得未来拥有了那些就会幸福。可是**情境变了，曾经很难拥有的，等到能轻易拥有的时候，我们已经体验不到幸福了。**

小时候我多么渴望拥有几毛钱去买下那块糖，长大后我有了无数倍的几毛钱，却不再需要那块糖，也无法再爱那块糖。中学的时候，我很想向后排的姑娘表白，却被班主任无数次语重心长地教导："等你到了大学，什么姑娘都有。"我上大学后，却找不到"黑板上的数学题你舍得解开吗？"和"同桌的你"的感觉。

我现在觉得，赚到了钱，有了名利，工作稳定，买了车房，才会被人看得起，才能获得踏实、安心的感觉，想做什么就去做什么。这些不过又是我的幻想：等我40岁的时候有了这一切，我相信凭自己的能力和努力一定能在40岁的时候得到，但是，我可能再也不会想约姑娘去天台看星星，再也不想学这学那，再也不想冲动换工作、辞职、炒老板，再也不想坐三个小时的公交车去北京郊区旅游，再也不想对着大海大喊"你好吗"，再也不会做很多事情。

我们所处的每个情境，都有它的"优势和劣势""资源和短板"。我们小的时候，有童心但没钱；我们读大学的时候，有激情但没钱；我们毕业后，有想法但没钱；我们有钱的时候蓦然发现：除了钱，什么都没了。人上了年纪，就什么都不想干了。

然后我们在垂暮之年遗憾：为什么我在没钱的时候不去做这些事？为什么要让安全感阻碍我去做想做的事？

我觉得情境比钱和名利都重要，也比安全感重要。情境就是我们当下所处的环境，包括我们的年纪、心态、朋友、资源。这些才是限制一个人快乐的因素，钱和名利都不是。然而我们总是盯着这一点儿没有的东西，而拼命消耗已有的东西。这感觉像是牺牲五千兵马攻下了一个山头，突然发现山上什么都没有，这座山也只是看起来很高。

三

我们总想着拥有之后才可以做一些事情，但是拥有之后却不能体验到幸福，还渴望拥有更多。直到生命的尽头才发现，享受生命，不需要等到拥有那些。

《为学》里讲了这样一个故事：

蜀之鄙有二僧：其一贫，其一富。贫者语于富者曰："吾欲之南海，何如？"富者曰："子何恃而往？"曰："吾一瓶一钵足矣。"富者曰："吾数年来欲买舟而下，犹未能也。子何恃而往！"越明年，贫者自南海还，以告富者，富者有惭色。

等到舟足粮足再去做的时候会发现：你在该做的年纪却没做。当你做好准备的时候却发现：迈不动腿了，不想做了。终究不如"一瓶一钵"过得快乐。

所谓活在当下，就是利用你有的东西去做你想做的事，而不是等到所有资源和条件都具备了才去做。现在也许做不到完美，但在能力范围内做的每一分都是享受。

如果回到大学，我想我会：每个月多问老爸要200元生活费，让我快乐地给所有想打电话的女孩都打个遍。如果他不理解，我会告诉他那对我来说有多重要，或者我会用其他方法弄到我需要的话费。那时候我会担心给老爸增加负担，后来才知道：每月200元对老爸的负担远远小于我可能获得的快乐，我现在赚到200元收获的快乐也远远不及那时候的快乐。如果有可能，我愿意用200元买回那份快乐，但现实是，这是不可能的。

所以，我不想再过十年，拿着 2 万元跟自己说：如果有可能，我愿重回青春做那些没来得及做的事。

享受生命，想一想你可以怎么创造条件让自己马上开始，而不是等到拥有了那些后才开始。你刚开始的那些附加条件终会实现，但实现后你未必还想做今天想做的事。

你可以问问自己：

你是想现在开始活在当下，还是一直为未来的生活做准备？

爱情中的"你应该"，
就是在扒开伤口给对方看

一

感情中最大的伤害就是"你应该"。比如这个常见的句式：

难道两个人在一起不是应该……爱情不是应该……我可以接受他没钱、没相貌、没能力、没房子，甚至可以接受他不理解我、不懂我、不……但他起码应该……如果他连这些都不能做到、不能给，那我要他干吗?！

省略处可以填写：及时回信息，喝完酒要先打个电话报告一下再回家，记得自己的生日，欣赏赞美我，看到我的努力，陪我吃饭说话，听我唠叨，起码不贬低讽刺我、不挖苦嘲笑我、不火上添油，等等。

一旦对方没有做另一方期待的"应该"的事，关系中要求对方做"应该"做的事的一方就会陷入受伤、难过的情绪旋涡，会采用远离、讲道理、指责、歇斯底里等方式进行处理。

然而即使如此，你也常常只会更受伤。我会觉得：**与其**

思考对方为什么不愿意去做这些"应该"做的事，不如去思考为什么你需要他做这些"应该"。

二

每一个"他应该"背后，其实都对应着自己的一个需求。

一位女士说："我就是希望他能及时回复我信息啊，两个人在一起不就是应该这样吗？"

我们可以去思考："应该及时回复消息"背后，对应着什么需求呢？这位女士隐藏了的需求其实是对绝对关注的需求，她想通过被及时回复信息实现的是：你要给我绝对关注。

还有一位女士说："他起码不应该这么否定我吧！就算他否定我，起码不应该扭曲事实来否定吧！"

的确，不否定你合情合理。但是合理不影响后面也有需求。这背后对应的需求就是：我希望你可以多接纳我一点。

一位男士说："你如果不能理解男人的世界，你起码应该别这么频繁地打电话、发信息吧。如果你这么频繁地联系我，起码不应该要求我秒回吧。我也是个人，也有自己的事要做！"

这个"应该"背后的需求是：我要自由，要被理解。

关系中有需要是正常的，关系存在本身就是为了相互满足彼此的情感需要，这无可厚非。但不是每段关系都完美到恰好满足彼此的需要，毕竟完美的关系是少数。

有的人会觉得：我就是这么对他的啊，我能做到，为什么他做不到？我想说的是：你怎么对他，和他怎么对你，完全是两回事，你们在关系里的需求，不可能相同。这听起来就像是：兔子埋怨狗不够爱它，竟然不招待它吃胡萝卜。兔子说："你看我多爱你，我把我最重要的胡萝卜都分享给你，我都能分享胡萝卜，你为什么不能？"

首先对狗来说，它很难知道兔子爱吃的是胡萝卜。其次它即使知道了兔子爱吃胡萝卜，就拼命给，但是它毕竟不是吃胡萝卜长大的，不懂得兔子的经验世界，不能给予兔子完全的满足，结果就落得了不爱对方的评论。

让一个人完全满足你的需要是很难的。因此，在关系中，比对方是否满足自己的需要更重要的其实是去思考：你为什么会有这些需要？

三

希望被绝对关注、害怕被否定、希望被肯定、希望被当成世界的中心宠着，其实这些都是婴幼儿的需求。当然成人也有，但是一个成熟的人，他不会因为这些需求没有被满足而歇斯底里地难过或指责他人。

歇斯底里地指责，在象征层面上和婴儿的大哭大叫是一样的，是一种婴儿的处理方式。人之所以会用婴儿的处理方式来处理需求，是因为他的这些需求从婴儿期开始就没有被满足。

　　直接点说就是：那时候你的爸爸或者妈妈没有给你无条件的爱，甚至没有给你让你有安全感的爱，没有给你尊重、自由、认可，你爸爸可能长期缺席让你感受不到自己的存在，你妈妈可能太唠叨、管太多，让你在成长过程中因没有自由而感到窒息。而人的成长和发展又需要这些心理上的满足感，一旦没有得到，就会停留在那里难以往下发展，这个现象在心理学里叫固着，就是卡住了的意思。

　　人的生理会随着吃饭和时间而成长，但心理不一定。心理没有得到满足，就会一直停在那儿，直到得到足够的满足才能成长到下一步。这时候你的心里就多了个洞，你在日后的几十年里企图把这个洞填满。

　　找谁填呢？那得看谁能给自己提供一个安全的环境和一种可能性。

　　人一旦觉得对方可能给自己满足感，就会爱上他，盯上他，陷入情感关系，然后在情感关系里体验到足够的安全感的时候，就会退行到那个阶段，开始幻想着让伴侣再一次满足自己的那部分需求，好让自己长大。

　　所以，亲密关系本身、亲密关系中的歇斯底里，其实是一个人尝试自救的方式，他在潜意识里很想度过婴儿那个阶段，好让自己内心长大。

　　你在亲密关系中的种种不理智的行为，实际上只是在把自己童年的伤口扒给对方看。然而对方并不会珍惜，也不会心疼，反而会觉得你无理取闹。你这种求救的行为，终将会

以自己更受伤而落幕。

因为伴侣不是你当年的爸妈，他无法再次充当你爸妈的角色，给你当年所需的满足感。当年亲爸妈都没有给你足够的满足感，伴侣就更难做到了。这有两个原因：

一是因为你不是婴儿，伴侣无法把你当婴儿对待。

二是因为伴侣也有这样的需求，他也会有当婴儿的冲动。

所以，当你还是执着地想从伴侣那里寻求满足的时候，这就会成为你一生匮乏的东西。你就一直在感情里遭殃：要不到，换伴侣，接着要，还要不到，绝望。无限循环……

除非你愿意修通自己当年未被满足的需要，想办法填补那个让你受伤的无底洞，你才可能在关系里获得幸福，得到新生。而**疗愈的答案，并不在伴侣那里，也不在父母那里，那个洞在你心里，只能你自己来填补。**

四

自我修通的第一步就是：向内看。

你会在关系中痛苦，会歇斯底里，表面上是因为对方做错了，让你非常委屈；在更深层次上你要知道，那是因为你有些需要没有被满足。识别这些需要，就是处理需要的开始。

你的每次受伤，都是一次机会。你的每次歇斯底里，都是一次机会。这个机会让你可以去向内看看，看这三个问题：

你想要什么，你有哪些未被满足的渴望，你想在伴侣关系中获得什么。你可以去看看，答案是关注、重视、尊重、接纳，还是别的？

你在用什么方式要，这些方式是否有用，指责吵架或讨好装可怜，逃避冷战或讲些"爱不就是应该……"的道理来说服对方，你在怎样跟自己玩这些索要的游戏？

这个缺失和方式是从哪学会的，你小时候是怎么缺失的，又是怎么学会用这种方式的，你父母是怎么没有给到你的，你是怎么没有要到的？

然后就是决定，要不要继续向伴侣要，把你的伤口扒给他看，让他来满足你早年未被满足的需求。只不过，你可以换一种跟他真诚沟通的方式，帮助他了解你为什么有这个需求，而不是用"你应该"的方式。

最后就是自爱。你要肯定自己，认可自己。你不能遗弃你自己，觉得自己不值得被人重视。你要尊重自己的感受。如果这些你都没有对自己做，那么别人对你做再多都是无效的。

五

爱情，是个很美好的词汇。但我们绝不能用爱情去绑架别人来满足自己的欲望。**如果你爱他，在乎他，那么你应该祝福他，希望他好，走过去，理解他，用他的方式满足他。**你爱一个人，会因为他的开心而开心。

而你需要一个人就完全不同了，你需要一个人来满足你，你需要一个人来爱你。**他不能满足你，你就受伤装可怜或者愤怒指责，这些都是因为你需要他。**

爱可以与需要同时存在，但不能强行捆绑。

回到最开始，就是你需要他，没什么问题。但是如果你把童年未得到满足的这些对爱的渴求带到伴侣关系中，那就是不断地扒开你的伤口，来让伴侣看：你看我多痛苦，多可怜，多想要。他心情好、有精力的时候，就可以满足你一下。然后你就爱上了他，以为他真的能随时满足你，就想一直要下去，然后你又伤痕累累。

这样对自己，我会觉得有点残忍。

别怕，带着恐慌上路吧

一

我觉得我是一个不靠谱的人，就是很疯狂的那种不靠谱。甚至很多时候，我会通过说服、带动、感染周围的人跟我一起疯狂，一起不靠谱。我喜欢这种不靠谱。这种疯狂，让我很快乐。当然不是每个人都喜欢这种方式，但这并不影响有些人喜欢和我在一起，他们说，跟我一起玩的时候，会触摸到一个从来没见过的自己。

那些所谓的不靠谱，其实是很多人内心都想做，却囿于安全感、形象而不敢做的事。

我喜欢现在的生活。可以自由地去上很多心理学大师的课，可以自己写书，自己接待咨询，自己组织课程，自己卖力地讲课。自由是我对当前生活最大的感受。时间和工作内容都由自己决定。想做的时候做，不想做的时候就不做。想做什么就做什么，可以看看书、晒晒太阳、出去参加个活动、经常赖个床。我准备再租一个一室一厅的小房子，做个工作室。

铺上温馨的垫子，贴上好玩的墙画，组织一帮陌生人或熟人来搞各种学术或娱乐聚会。当我看到一个好的课程的时候，我不再像以前那样评估这成千上万的价格，不再去计算时间合不合适。我只有一个想法：去上课。Anytime（任何时间）都 OK（可以）。

是的，我是一个自由职业者，听起来特别酷的那种。不要以为我有能力赚到钱，能够支撑起这样的生活，有足够的安全感。也不要以为我很自信，可以做任何想做的事。

二

在这座城市里，我无比迷茫、挫败、恐慌，充满自我怀疑。有人会觉得我起码会心理咨询啊，可以养活自己。但是你从来不知道心理咨询给人带来的那种无助感：有太多时候，我会感觉心理咨询其实什么都帮助不了别人，净是扯淡。又有太多时候，你无法知道你到底会什么。细数起来我虽然知道一些关于心理学的理论，但根本不知道怎么把它们运用到实践中，甚至对那些理论也是一知半解。我经常在给人上完课、做完咨询后，有种害人的罪恶感。

心理咨询本身的局限，加上自己学识太有限，这两个局限足够让我否定自己一百万次。我甚至无数次后悔为什么要踏上这条"不归路"，假如我高中毕业的时候就去蓝翔学开挖掘机，现在起码小有财富，足够我踏实地过日子。

财富这事就更难说了。都说摄影穷一生，心理咨询那是毁三代。一个心理咨询师的成长，可以说是用金子堆起来的。一个笑话是这样说的：

假如你中了 50 万元彩票，你会怎么花？心理咨询师说：我会先把上课的钱还上。来人问："那剩下的呢？"心理咨询师抬起头以 45°仰望天空说："剩下的慢慢还吧。"

而自由职业者的恐慌则是：他不知道下顿饭在哪里，他不知道有没有下顿饭。他不知道会遭遇什么，他不知道谁会帮他去应对那些遭遇。每天都很刺激。每天的生活都是心惊胆战的，非常没有安全感。

对我来说，自由生活的背后，依然有着很多痛苦、迷茫和不安：能力没有，财富也没有。所以我也常常陷入挫败、自我否定、觉得自己不行、疑惑到底对不对之中。

但这并不影响我多数时候的幸福感，也不影响我去做一些我想做的事情，一些疯狂的事、不靠谱的事。

接着就说到了我会去"忽悠"身边的朋友跟我一样疯狂，去做自己内心真正渴望做的事——我说的是身边的朋友，对于我的来访者，那是另外一回事，我还是会努力保持中立、理性的。

因为我发现这是我身边很多人的向往：渴望自由，渴望做自己想做的事，渴望有更大的空间去学习，渴望疯狂，渴望梦想。然后我会说：来吧，我们一起，去追寻并实现自己的梦想，去发现更多的不可思议。

接着我就收到了各种反馈：不知道能不能生存下来，不像你那么有本事，对北京的压力感到害怕，没有钱，没有足够的能力……

总结起来就是：**我没有足够的心理和物质资本来开始一段未知的生活。但我又不愿意放弃我的梦想，所以再等一段时间吧，等到我有足够的心理和物质资本的时候我就会去做。**

三

足够。这是个非常有意思的词。怎么样叫足够呢？攒一大笔钱，确定未来十年够花；买好房子，确定有个生活归属；找到固定收入源，确定未来的安稳。只要你的内心有匮乏感，你就永远不会觉得足够。

我也好奇地问过跟我同龄但比我更有魄力的朋友，他在北京三环弄了个两百平方米的工作室。当他这么做的时候，我也被吓傻了：1.你用得过来吗？2.你扛得住吗？3.你怕吗？

我发现他也怕，但他同时也不怕。他跟我唯一的区别，就是敢干。换我我真不敢，我只敢小范围地冒险，即使明天没有钱花也没关系，因为我知道我随时收手，再去赚钱都来得及。但是像他这么折腾，我不敢。

于是我也理解了那些比我更不敢的人。对于他们来说，我是真敢干。

于是我有了一个猜测：**即使是那些看起来非常自信和自恋的人，也充满了不确定性和迷茫、恐慌。他们对于自己的否定不比我们少半分，他们对未来的怀疑也不比我们少。不同的是，他们敢带着这份恐慌上路，而我们却企图打消这些恐慌再上路。**

于是结果就成了：**带着恐慌上路的人，结果会证明给他们看，这些恐慌是不必要的。企图打消恐慌的人，恐慌会变本加厉，不断增多。**

人生的差距就是这么拉开的吧。越等越不敢，越囤顾虑越多，越想越发现不确定的东西越多。等都想清楚了，都准备好了再做？其实人与人的差距与智力有关，但显然更多的是非智力因素在做决定。

我的理念就是：怕什么，大不了从头再来。不动，也许会在一条直线上越来越好，但最终会遇到瓶颈。动了，就是打破现状重塑未来。要相信，人生只有走出来的美丽，没有等出来的辉煌。

至少我不喜欢那种有渴望，却不敢去实现的生活。所以我也想去做更多。

当然，不是每个人都适应。我想说的是：人不一定要等到足够安全，才去做某些事。你可以带着恐慌先开始，边做，边看，边调整。

这也不失为一种生活方式。

神逻辑：不优秀就没人爱

一

完美才能优秀，优秀才能被认可，认可才能被关爱。

这是我见过的最神的逻辑，我搞了很久才搞清楚。我身边很多人都那么努力想让自己完美：工作要努力、赚钱要拼命、做事不能拖沓、缺点不能暴露、要有时间观念、不能乱发脾气……

我对这些神人佩服得五体投地，以至于我很怀疑能量守恒定律：他们是怎么像永动机这样拼命要求自己而毫不感觉劳累的？

后来他们说是我错了，他们一点都不想这么拼命完美，但是更受不了自己不够完美，受不了自己事情做不好，脾气又差，做人失败。他们也很累，但是没办法，因为他们没办法接受自己不够优秀。

可能是因为我从小就没考过第一，没获过大奖，当然小奖也没获过，除了刮刮乐彩票中过 5 元钱，所以我不知道优秀的滋味是什么，更不知道为什么优秀那么重要。然后他们告诉我：优秀才能被认可。

我很诧异，只有优秀才能被认可？这是什么逻辑？

他们说，自己受不了被领导批评。有时候觉得愤怒和委屈，领导凭什么那么说我，凭什么要扭曲事实，凭什么要求我那么多，凭什么要我做这些？有时候更受不了的是自己，凭什么别人都能做好而自己做不好，凭什么这么简单的事自己做得一塌糊涂？

他们的优秀能得到两样东西：别人的认可和自己的认可。

如果不够优秀，如果做不好，就会受到批评。如果不够优秀，就会自责。

批评，这个就很熟悉了，我不用去搜集就有很多。我的朋友们经常对我的过错嗤之以鼻，用他们的话说就是：你怎么能够那么心安理得地犯错？对此我的回答就是：我又不是神，怎么能够不犯错？

被批评和不被认可是什么关系，我就不是很懂了。我的领导和我妈是批评我批评得最凶的人，尤其是我妈。什么邋遢啊，拖延啊，不着调、不靠谱啊，让人烦不胜烦，但是我不会觉得我不被认可。反之，我的逻辑是：他们是认可了我，才会批评我。正是因为他们看得起我，喜欢我，爱我，才愿意批评我。

但这些批评与表扬，从来不影响我的可爱。我有很多优点，也有很多缺点，我的朋友、领导、同事、父母、恋人，他们都知道我的优点，也都知道我的缺点，虽然我的所作所为经常让他们无语，但我依然能感受到他们对我的深度认可。我知道他们认可我，是因为我是一个独特的存在，我的存在对他们来说有很大的意义，原因除了我们会一起做点有价值的事情，更重要的是我们的关系有种很深的连接。你不能否认，你和领导、同事之间也是有感情存在的。

二

人们被认可，并不是因为他们优秀。人们认可你的优秀，也只是认可你的外在。**认可分为很多种，大致可以分为：认可你做的事和认可你的人。**这也就是：认可你的外在优秀和认可你独特的本质。

前者我会认为是虚假的认可，之所以是虚假，是因为它跟你本身关联不大。就像人们认可你的事业、成就、地位、荣誉，换一个人也是如此，他们认可的是外在标准而不是你这个人。为这种认可而努力，其实和你的初衷是背道而驰的，你永远都得不到认可。

那么我们就有理由说：**最深的认可，不一定来自优秀。来自优秀的认可，也只是认可外在。内在很深的认可，那是因为你的可爱，而不是优秀。**

当他们认可你的优秀时，只是你的某个特质、你做的某件事被认可；但你这个人是不是被他们认可的，还是一个疑问。

一个人怎么样才是可爱的？答案唯有真实。人与人之间的连接，不是一起做事情时建立的，而是在心与心的碰撞之后建立的。心与心的碰撞，当然来自心与心的敞开，而不是用一大堆优秀来包装心。

后来我去问他们：为什么这么需要被认可？原来他们建立了这样一种联系：被认可的时候才能得到爱。

我会感觉这是一种很深的悲哀。在他们的成长过程中，他们需要不断地被别人要求优秀，只有达到这些标准的时候，才能获得妈妈或爸爸的认可。只有得到了他们的认可才能得到他们的爱。从小时候开始，爱就被认为是有条件的。于是，在潜意识里形成了一个根深蒂固的观点：只有做到优秀，才能被认可、被爱。

这就像巴甫洛夫的那只狗。从前有个无聊的人叫巴甫洛夫，他跟狗玩了一个游戏。他认为铃铛是个好东西，然后他要求他的狗也这么认为。但是狗不同意啊，狗从出生起就没见过铃铛，不认为铃铛重要。然后巴甫洛夫为了狗好，想给它建立其实铃铛是生活的资本的观念。好在巴普洛夫掌握了这只狗的生活的基本条件：食物。于是他就这么做了：每当铃铛响起，我就给你食物吃。久而久之，狗就建立了这样一个信念：铃铛响的时候，食物才会出现。

故事到这可能已经结束了。巴甫洛夫被称为史上伟大的心理学家之一，因为他发现了极其重要的心理和生理规律：铃铛和唾液之间居然能建立联系。这就是著名的条件反射实验。

让我们把这个故事想象下去：

然后狗慢慢地长大，巴甫洛夫渐渐地老去。狗必须离开主人独自到社会上寻找食物。狗的信念是如此强大，以至于认为那是世界的真谛：只有铃铛响，才能得到食物。

于是它很努力地寻找铃铛，只要别人不摇铃，它就认为得不到食物，就会很生气或者很伤心。当别人摇铃的同时又给它食物的时候，它就再次强化自己的信念。

然后给食物的人就很奇怪：铃铛和食物之间有什么关系？我的铃铛偶尔会响，偶尔不会响，但这并不影响我给你食物啊。但是狗不相信，在狗的认知里：只有铃铛响，食物才会来。

只有优秀才是被认可的，只有被认可才是被爱的。这些观念可能来自我们那巴甫洛夫式的父母，但不是所有人都认可这样的观念。即使我们没有被认可，也依然是被爱的。即使我们不优秀，也依然是被认可的。即使铃铛没响，我们得到的是批评，我们想要的食物和爱也会如期而至。

很多痛苦来自我们把本不相关的两个东西强行建立联系。

我见过一个很有趣的姑娘就是：别人说她瘦，她很生气。她觉得别人是在嘲笑她胸小。她把瘦、胸小和不被认可这三个不相关的东西强行建立了一个等值联系。

有的人会受不得一点委屈、冤枉、误解、否定，他们把这些东西和自尊心、认可之间建立一种等值联系。

我想说的是，你一直都是被认可的，一直都是被爱的。那个否定你的人，只有你自己。你用一个莫名其妙的法则成功地证明了自己不好，证明了别人对你不好。但是你有没有想过：这个鬼法则，不过是你早期建立起来的条件反射！这是一个很无聊的游戏。

真正的认可是心与心的连接，与你穿什么衣服、有什么荣誉是没有任何关系的。

懂父母、懂孩子、懂家庭

第三部分

爱与期待同在

一

很多人对于无条件的爱有谜一样的追求，并在感受里，不自觉地把无条件的爱等同于爱。

关于爱，有很多人在高谈阔论着，爱是什么，应该怎样去爱，什么才是真正的爱，什么又才是懂得爱。比如，常听到的观点有：爱不能被证明，所以只能证明什么不是爱，占有不是爱，控制不是爱，哭泣不是爱。意思就是，爱不应该有太多期待。

可是在爱里，我们又难以避免地有很多期待。期待对方对自己忠诚，期待对方为自己做很多事情，当对方离开的时候因万分难过而哭泣。当他们去寻求安慰的时候，很多人告诉他们，期待不是爱，或者爱就是无条件地接纳而不要有期待。

我没有做到无条件地爱，所以一再在爱里受挫。每当我对伴侣有所期待的时候，我所受的教育就会让我自责做得不够好，不是说好了爱一个人就不应该有期待吗？通过对身边的人的观察，我发现很多人跟我一样，当他们在爱里受挫的时候，就开始参加各种学习，学习如何爱，学习爱是什么。然后他们也学到了爱就是无条件地接纳，爱是放下期待。他们的爱虽然很多，但他们发现自己做不到无条件地接纳并放下期待。在爱的定律里，反而变得更加纠结和自责。指责自己为什么不能好好去爱，为什么要占有和控制，为什么要自私地有期待。

我不禁思考：为什么爱里有期待，为什么非要说爱就不应该有期待？

二

然后，我发现对这个问题的思考毫无意义，为什么有期待？因为是人啊，是人就会在关系里有期待。

无条件的爱的持有者有很多论证，如阳光的无条件的爱，给我们温暖。地球的无条件的爱，给我们安居。这些都是无条件的爱。我很同意这些非人类的爱并没有期待，它们不计回报地付出，它们不占有，它们大爱、博爱，它们无条件地爱。它们为什么要这样我不知道，但是它们不是人啊，甚至都不是生物，它们没有需求、没有意识。一个非生物给出来的，能叫爱吗？你怎么不找出来自生物的不求回报的爱来证明？

地球、空气、太阳、雨露，自然无条件地爱着我们，但它们没有渴望，所以也无须期待。甚至它们根本就没有付出爱，它们只是在做自己。你只是顺便享受到了它们提供的便利，就把那叫无条件的爱。你因此而受伤的时候，你又会把那叫天灾。比如，阳光过于炽热的北京让人难以忍受，被地球撕碎的汶川也曾让人心痛难忍。

大自然从来不曾为你付出爱，它只是在做自己，而你只是顺便蹭到了一点爱而已。

人就不一样了，但凡人有主观地付出，他就会同时抱有期待，比如，母亲的爱——最容易被人类歌颂的爱。母亲的爱是伟大的，毋庸置疑，但是要母亲在付出爱的同时又不抱有期待却很难。母亲表达爱的方式可以非常热烈，母亲可以付出自己的一切，甚至可以牺牲自己的生命。汶川地震中，一位母亲紧紧将孩子抱在怀中，让他活了下来，自己却被压死了。她在手机里留了条短信，"亲爱的宝贝，如果你能活下去，一定要记住妈妈爱你"。这真的非常伟大，非常感人。

但在孩子成长的过程中，母亲本身又对孩子有着期待，期待他好好读书考上大学，期待他健健康康，期待他遵守家规。从母亲的视角看，这些期待的风向标也许是为孩子好，但孩子没有实现这些期待时，母亲就会愤怒、伤心，会产生抛弃孩子的冲动。从这个层面来说，母亲对孩子的这些期待，其实更想满足的是自己。

关于男女之间的爱，流传着很多伟大的爱情故事，感人肺腑。拉到现实里来，很多理想主义的爱情便开始苍白无力，在经历过刚开始的甜蜜后，就屡屡受挫，至少我没有见过没有挫伤的爱情。在那些亲密关系里，有的人之所以会受伤，完全是因为有所期待。

有的人看起来在毫无保留地付出，其实他们的期待更大。这些付出的人，背后藏着太深的期待。他们不说，不是因为没有期待，而是压抑了期待，不敢去期待。他们会觉得委屈或者不公平，他们会在终于无法忍受的时候，突然离开对方，来表达自己对期待没有被实现的失望。

在爱情里期待得比较多的是公平：我这么爱你，你就不能爱我一点点吗？人们还会期待占有：我这么爱你，你为什么要去找别人而不专一一点呢？有的在期待控制：我这么爱你或你爱我就应该为我做饭洗衣，赚钱养家，期待可以为我做点事情。有的在期待关注：我这么爱你，你为什么都看不到或者为什么还要离开？还有的期待不离不弃。

你只要去观察，就会发现在关系里期待无处不在。你承认或者不承认，看到或者看不到，期待都在那里，不生不灭。有爱，就难以逃脱期待。没有期待是因为没有爱。

三

有人又说，我对你的爱是一回事，对你的期待是另一回事。我可以做出区分，放下期待而保留爱。我想说的是，爱与期待是一根杠杆的两端，没有只有一端的杠杆，更没有两端分别在两条直线上的杠杆。爱与期待是一枚硬币的两面，缺少了一面就不是硬币。

爱不可能脱离期待而单独存在。期待与爱同在，有爱就有期待。

这个道理听起来简单，但至少可以告诉我们两件事：

1. 当接受别人的爱时，你就会被别人期待。虽然你不接受这份爱时也在被期待，但当你接受的时候，你只有同时接受这份期待，他人才能持续给予你这份爱。因此，你需要去衡量：是否承受得起这份期待，从而选择是否接受这样的爱。这是你对自己的一种保护。

2. 当你给予别人爱的时候，你可能有意无意地同时对别人有所期待。你需要去觉察这份期待，并且去表达。让别人知道接受你的爱的时候，他需要做的是什么。这样别人可以选择拒绝或接受，而不是在只接受你的爱却拒绝你的期待后，让你愤怒和受伤。这也是你对自己的一种保护。

一个无法正视自己期待的人，就会给自己的期待找一些理由。这些理由因为无比正确，至少在期待者看来无比正确，仿佛有了这些理由，自己的期待就会被隐藏起来一样。我们会给自己的期待找到两个理由：

一个是你要回报我。因为我爱了你，所以你也要爱我。因为我在努力地满足你的期待，所以你也要努力满足我的期待。因为我爱你，所以你要努力，要专一，要完美，要符合我的标准，要按我的期待来爱我。

另一个是为你好。因为我是为你好，所以你要按我的期待去做，当然是按我的标准里的好。期待你好好生活，期待你诚实守信，期待你不要惹事，期待你照顾好自己。

"为你好"常常是个假象，真正地为对方好，必须建立在尊重之上。如果你的期待是你认为的好而非对方认为的好，那本质上来说就是在满足你的自恋，在维护你内心的某种秩序感，还是在为自己好。

如果你的为对方好会因为对方不照做而愤怒，那你也是在为自己好，你希望对方能够认同你的价值观，满足你的某种掌控欲。

所以，这两个期待的理由其实都在指向满足自己。

四

既然爱，就难以逃脱期待，那就不要再去尝试放弃期待。强行让自己放弃期待，带来的只是无尽的伤害、委屈、不爽、讨好。也不要忽视自己的期待，你忽视的期待最后都会以不满和愤怒表达出来。

爱有多深，期待就会有多重。同时，期待有多重，爱就有多深。但愿你看到一方的时候，能同时看到另一方。只接受一个而忽略另一个，必然是要出问题的。当你只看到一个人对你有很高的期待让你想逃的时候，不妨去看看背后的爱。你想接受一个人很爱很爱你的时候，也要同时接纳他背后的期待。

爱的问题，不是不该有期待，而是怎样应对期待。健康的爱，依然有很多的期待，因为期待无处不在，也无法逃避。

也不要觉得有期待，就不是爱了。有期待的爱，才是健康的爱。健康的爱是学会如何应对期待，如何在表达期待的同时，不伤害到自己，也不伤害到爱人。这就是表达爱的艺术，或者说，表达期待的艺术，而不是苛求自己无条件地爱。

不是所有的关心都叫爱

一

对于什么是爱，我们一下子就能想到的和常常做的就是努力对一个人好。我们所谓的爱一个人，就是倾己所有去对他好，甚至愿意付出生命，把对方视为自己的生命。我们通常认为关心就是一种爱。然而这种爱并不是所有时候都会被珍惜，甚至有的时候不会被接受。所以，才有了这个千百年来无数人在爱恨情仇里纠结了无数次的话题：我对你这么好，你为什么都不懂得珍惜？

这种爱包括：无微不至的关怀与问候，时时刻刻地陪伴与提醒，自己省吃俭用却给对方大把花钱，不让其受一点委屈，经常性地表达爱之语等。这种爱被他们放大到了极致，爱的结果却不尽如人意。

妈妈会在秋天来临的时候，展开秋裤大战，想尽包括"断网、炖肉、逼婚"等招数让子女穿上秋裤，招招不凡。妈妈会为了满足子女的胃口而挖空心思做他想吃的各种菜，然后一直做，直到他吃到吐。以上各种关心，都是因为妈妈生怕自己由于疏忽而没有照顾好孩子。

我见过的一个妈妈为了照顾孩子，跟着孩子去考学的城市，更换自己的工作。我见过的另一个妈妈每天会陪着孩子写作业到很晚，她陪伴的方式就是孩子不睡她也不睡。孩子要妈妈不用陪他先去睡，可她就是要在一边看着才心安。可想而知，这个孩子在做作业的时候，会感到多大的压力以至于无法安心做作业。

有的恋人也是如此，会在感情与婚姻里鞠躬尽瘁，会为了讨好对方而使出浑身解数，含在嘴里怕化了，捧在手里怕掉了。也有的恋人每天都会关心对方睡得如何，吃得如何，身体如何，方方面面无比细致。我还见过一些恋人，更多的是男人，他们会觉得：你要什么我都给你，宝马车给你开，给你买你想要的任何东西，为什么你还不满足？女人也会如此：我什么都给了你，为何你不珍惜？

当我们听说别人给伴侣这样的关心的时候，或许我们能隐约意识到这些爱是不健康的。但是自己这么做的时候，似乎难以跳出自己的视角而去观察这份爱是怎样伤害对方的。

二

这种强迫关怀，俨然已经流行并成了一种病态，甚至有了专业的词汇叫"Co-dependency"，即"关怀强迫症"。其特指依赖别人对自己的依赖，喜欢关怀别人，不去关心别人自己就难受。

强迫关怀是病态的，并且是自恋的。例如，食物是好东西，但是对一个吃饱了的人来说，你硬要他吃，这就是一种伤害。硬要一个只是口渴的人吃东西，这也是一种伤害。

关怀强迫症患者最喜欢强行要对方接受自己认为好的和对的东西，而不顾及对方的需求程度和需求内容。在他们的世界里有这样滑稽的信念：我认为这是好的，你也必须认为这是好的；我认为所有人都需要它，所以你也需要它。他们会把自己的观点先泛化成全世界通用的，让自己站到道德和理论的制高点，找到归属感，然后再通过认为他们也需要来完成把这种全世界通用的标准强加给所爱的人这一点。这是人类最初的自恋行为，遵循"我怎样，世界就怎样，他人就怎样"的逻辑。

显然，对他人的关怀如果离开了尊重和理解，这种关怀就会沦为自私的行为。没人喜欢被强迫。我们每个人都生来不同，由于自己独特的经验和处于不同时期而有不同的需求。一个人被强迫关怀的时候，会出现两种行为来进行自我保护：反抗或者顺从。

对于反抗，显而易见，这种强迫关怀是过度满足。对于过度的关心，我们会本能地反抗。更重要的是，它剥夺了人对于基本存在需要的自由。我们每个人都需要基本的心理空间来独处，即使是和你关系最亲密的人也需要有一点自己的时间和空间来感受自己的存在。

并且，当一个人被关怀的时候，他接收到的不仅有关怀，还有期待。关怀者会对被关怀者产生变得更加优秀、过得更好之类的期待。因此，被关怀者感受到的是双重压力：被剥夺存在自由和强加期待。例如，被妈妈陪着写作业的孩子，当一双眼睛在旁边的时候就会感觉到不自由，偷懒或做不好、做不快的时候也会对妈妈产生愧疚，怕辜负了她的期待。

恋人也是这样，当一方反复关心另一方"吃了没""吃得好不好"的时候，被关怀者就会不想接受，觉得失去自由，窒息般地心烦。同时，被关怀者在拒绝的时候又会产生心理压力，怕辜负对方的一片好意。所以，这时候他就会想反抗，当反抗的力量大于内疚的时候，就会选择逃离或抛弃。这时候被关怀者的反抗只是一种达到阈值后的自我保护。当反抗的力量不足以应对内疚的时候，他就会折磨自己。

折磨自己的一种方式就是顺从。毕竟我们不能长时间地通过内疚来折磨自己，这样对自己伤害更大。为了减轻内疚，被关怀者就会淡化自己的真正需要，甚至发展出自己对这份强加的关心的需要，退化自己的某部分能力，来适应关怀者给出的强迫关怀。如果不能拿掉这种强迫，那他宁愿牺牲自己的自我照顾的能力和自我检查需求的主见，这样就可以避免内心冲突，还可以维系和关怀者的关系，从而完成另外一种自我保护。

三

这像极了一个流行笑话：我今天做了回老奶奶，帮助了八个"好心人"。这到底是谁的需要呢？

关怀者有一种强烈的需求：我一定要给出关怀，并且要求对方接受。这就是关怀者的需求，他们需要给出关怀来让自己心安。进一步说，他们需要通过给出关怀证明自己是有价值的，是被需要的。因此，他们有一种很深的需要，需要对方来满足他"被需要"的需要。

这个逻辑如此之绕，以至于意识常常懒得去绕出来，但是人在潜意识里很清楚这一点。于是，被关怀者就在这种糖衣炮弹的威胁中选择了抵抗或者妥协，来满足关怀者的需要。

关怀者如果不能给出关怀，就会陷入焦虑中。他们会觉得自己不被认可或者毫无价值，他们会不断地检查自己是不是错了或者是不是做得不够好，甚至进入另一个极端：指责对方不珍惜、不知好歹，为什么对他那么好他还要无尽地伤害自己；或者怨天怨地，进而认为这个世界上所有的异性都不好，老天爷对自己一点都不好，云云。而焦虑和惶恐，正是自己的需求无法得到满足或评估并判断自己的需求无法得到满足后的心理表现。

一切以"关心"为目的的关心，都不是真正的关心。正如你为了帮助别人而给别人提供的帮助都不是真正的帮助，那都是在满足自己的需要。真正的帮助和关心有两个共同的特点：知道别人的需求的内容和程度，并在让他人舒适的基础上给予；我愿意给出，但不强求对方接受。

因此，在给出爱之前，有一样东西就显得格外重要：理解他人。

千百年来，人们无数次为完成这门功课而挣扎，理解看起来容易，做起来难度却超出我们的想象。因为理解他人就意味着要克服自恋：我不是世界的中心，我没有掌握绝对的真理，他人跟我不一样。

这无疑是让人难以接受的。这意味着要放弃自己坚守几十年的观点。并不是所有食物都是好的，甚至并不是所有人都觉得食物很重要。并不是给别人很多钱花就是爱他，甚至并不是所有人都觉得钱很重要。但这也并不是毫无规律可循的，对于被爱的那一方来说，有着比这些现实需求更深层次的需求：情感需求。

情感需求如此扑朔迷离，让人难以把握，其难度远远超出身体陪伴、物质付出、生活关怀等现实层次的关心的难度。

情感需求包含了对方所需要的温暖、赞美、认可、鼓励、心灵陪伴、归属、安全感、理解、连接、自由、价值等，而每个人的每种需求、程度和形式都不一样，因此**你需要懂得他的一些心理需求，才能真正地关心到他。那才是爱。**

都说女人是一本读不完的书，因为对于多数女人来说，情感需求远远大于现实需求。即使是那些天天嚷嚷着只需要土豪和钱的女人也不例外，她们只是不再相信有人能再满足她们的情感需求，转而用物质需求上的满足来代替情感需求上的满足，如安全感。人们或许在某些时候非常需要满足现实需求，但是这种需求一旦被满足后，情感需求分分钟就会上升成最渴望被满足的需求。因此，你可以暂时满足其现实需求，却不能把这种现实需求视为其唯一的、永恒的需求。

因此，真正的关心，首先要打破一种执着：克服自以为是，放下你以为对方一定需要的东西，哪怕你认为这是全世界的人都会有的需求。

简单说就是：走出自己的方寸之地，才能懂得他人；懂得他人，才能真正地关心他人。

盲目地关心，只是在满足自己的需要，那是关怀强迫症，并不是爱。**真正的爱的结果是连接，绝不是远离。**

亲密关系中有了冲突怎么办

一 无处不在的夫妻冲突

古人说，家和万事兴。简单一个"和谐"，道出了千万家庭的期待。然而恰恰是这个和谐，在很多家庭里成了一种奢望。无论结婚多少年，你总能发现在夫妻关系里，那些因为差异引起的冲突让你头痛不已。有人说，结婚多年，每个月总会有那么几天想掐死对方。这种对于冲突的无奈，谁又曾少过？

当生活的琐碎将激情消磨殆尽，夫妻间会由于种种原因而争执不断，两人关系一时间剑拔弩张。以前的这种时候，你是否有过这种感觉：又来了，怎么老是这样？的确，认真思考一下，我们或许会发现：冲突其实一直都存在，争吵的焦点似乎也总是那几个，但那几个问题却始终没有被很好地解决掉。

关于去看电影还是去逛商场，你曾和妻子争得面红耳赤；关于谁做饭、谁洗碗，你曾和丈夫吵得不可开交；关于是借钱给姑姑还是借钱给舅舅，你们曾互相指责、否定；假期时间分配，房子装修，压岁钱给多少……

每一个问题似乎都在考验这条感情链的牢固程度。而往往，这些小矛盾也会被延伸、夸大，成为大冲突，甚至最终让家庭处于分裂的边缘。到那时，当事人双方可能早已全然忘记了当时为什么起冲突，只记得：对方这里做错了，那里不好……

有时候我们会感叹，两个人既然在一起了，为什么会因为这些芝麻大的事而争吵，还吵得那么严重，最后甚至会闹到怀疑自己是不是结错婚了的地步。其实，柴米油盐，不就是夫妻间的那些事吗？而夫妻关系正是在这些事中得到修炼的。

所谓夫妻冲突，就是指夫妻双方在同一时间对同一事物存在两种不同的需求，因都想满足各自需求而产生的沟通冲突。

比如这个很常见的生活缩影——

结婚多年的夫妻有一天下班回到家，两个人都很累。妻子做家务的时候不小心把指甲弄断了，于是就去找指甲剪：

"老公，我指甲不小心被弄裂了，你见过我的指甲剪吗？"

"我怎么知道你放哪儿了？你总是乱放东西。"

"哼！我怎么就乱扔乱放了，明明上次是你用的。"

这时候妻子一直唠叨个不停，丈夫开始沉默地去找指甲剪。后来在电视柜上找到了，指甲剪被压在了一本书底下。这时候丈夫说话了："这不是在这儿吗？"

"你把书放在上面,谁能找到啊？是谁总是乱放东西啊？"

"书是我买的啊,我愿意放哪儿就放哪儿！"

"那车还是我买的呢,你别开啊！"

"那房子还是我买的呢,你别住啊！"

这时候妻子感到很委屈和受伤,她哭着给妈妈打电话,又接着给闺密打电话："日子没法过了,他不想要我了,他要把我赶出这个家,我伤心死了！"

这是生活中一件十分常见的小事。原本只是一件找指甲剪的小事,最终却变成了一场家庭大战,大大伤害了家庭的和气。为什么会这样呢？

二 亲密关系中产生冲突的心理原因

冲突在每个家庭和每种关系中都会存在。一般来说,引起夫妻冲突的主要心理原因有：

其一,观点的差异。

随着社会的发展,自由恋爱被倡导,类似于"凤凰男"+"孔雀女"这样的家庭组合越来越多。这并非歧视或嘲讽,但必须承认,这样的家庭组合很容易因为观念上的差异导致冲突。

因为两个人成长的家庭、所受的教育不同,所拥有的价值观、对同一事件的看法也就会有所不同。有的男人认为做家务是女人的事,而女人则坚信夫妻平等,这时候就会因为观点的差异产生冲突。在冲突中,关系里的每个人都想证明自己是对的，对方是错的。在上面的故事里，妻子会认为丈夫应该为她服务，帮她找指甲剪，给她安慰。而丈夫则认为自己的事情应该自己做，冲突就这样产生了。

其二，责任的逃避。

"这次孩子成绩没考好，都是因为你太宠孩子！"

像这样的话在家庭中是比较常见的。当事情发生后，夫妻双方的第一反应往往是先去找出是谁做错了，谁是无辜的，谁该为这件事负责，这也会导致冲突的发生。上面的故事中就存在责任逃避的问题，谁该为乱放东西、找不到指甲剪这件事负责。不得不说，这样的事情有很多：家里缺钱了，是谁工作不努力；一起去亲戚家聚会迟到，谁该为磨蹭负责；等等。

其三，安全感的匮乏。

"他是不是不爱我了？"

"他是不是外面有人了？"

"他是不是后悔和我结婚了？"

你曾多少次在心里默念这样的独白呢？对一个家庭来说，没有或缺乏安全感则往往是导致家庭冲突，乃至家庭破裂的重要原因。

一个家庭所能给予家人安全感的多少，决定着家庭的稳定程度。在夫妻关系中，如果他们坚信彼此都会不离不弃，那么无论遇到什么样的冲突、问题，都会带着爱去解决。但是如果夫妻关系中安全感不足，亲密关系的一方或双方就会担心家庭随时会破裂。丈夫无意间的一句气话，触碰到了妻子安全感的高压线，所以，一旦丈夫采取让妻子不安的行动或说出让妻子不安的话，妻子马上就会联想到：他是不是不想要我了，我是不是要失去家了？

三 面对冲突常见的处理方式

你可以回顾总结下：每当你和爱人发生冲突的时候，你们是怎么处理的？是彼此冷战、陷入僵局，还是翻旧账、大动干戈，抑或是心平气和地解决问题？夫妻处理他们之间的关系冲突常用以下四种方式。

方式 1：争吵。

如果夫妻两个都是强势、爱指责的人，就常常会通过争吵来解决问题。对于他们，似乎谁的声音大谁就会胜利，谁的道理多谁就会胜利，谁的力量大谁就会胜利，谁的权利多谁就会胜利。总之，事情一定要分出是非对错，才能够平息心中的怒火。为了赢得这场争论，他们还会找其他方案来解决，比如请家庭以外的人来评评理，翻出陈芝麻烂谷子的事来否定对方，将问题上升到人格或爱的高度来说事。而最后，这件事要么是无果而终，要么是一方忍气妥协。但是，无论谁赢谁输，家庭的和谐都受到了伤害。

方式 2：妥协。

妥协有两种，一种是一方妥协，另一种是双方相互让步。如果在夫妻关系中有一个人比较弱势，这个人则往往容易妥协。所谓妥协，就是放弃自己的观点来顺从对方。妥协本身，看似是放弃自己的观点，其实是一种压抑，压抑自己的委屈和不愉悦的感受。在将来的某个时间，这些情绪会在另外一件事情上爆发。在冲突中，双方常常因为一件小事而大发脾气、大动干戈，常常就是因为把各自以前没有解决的情绪带到了现在。双方妥协，看起来是相互让步了，解决问题了，其实是一种"双输"，因为我的目的没达到，我为了家、为了你而做了让步；你的目的也没有达到，你也为了我、为了家而做了让步。双方都会产生一些委屈和不满。

方式 3：逃避。

有些人发现问题的时候会害怕冲突，干脆不去解决问题，但是问题还在。有的人怀疑对方不忠，但是又不敢说，于是假装不知道，逃避问题。有些妻子不喜欢一个人在家过夜，而丈夫又常常出差，妻子怕影响丈夫的事业而不说，假装自己很好、没事，其实丈夫的出差未必是件不可协调的事情，只是妻子选择了逃避。有些人擅自做了某个决定没有跟对方商量，怕对方不高兴就压抑着不发表意见，逃避问题。在夫妻关系里，其实很多人因为害怕冲突而逃避问题，他们的关系看起来是和谐的，他们内心的隔阂却越来越大。这是因为不沟通、不解决，所以压抑的情绪越来越多。

方式 4：解决问题。

一个比较和谐的家庭，面对冲突时常常拿出解决方案来应对。对于小孩子的上学问题，比如让孩子上钢琴班有多少好处，给孩子时间自由玩耍有多少好处，他们都会用成熟理性的态度来解决问题，让利益最大化。即使观点不一，他们也会搜集很多的道理和证据，来证明自己的观点，好让他们冲突的问题有个最理想的解决方案。只是，他们在解决问题的时候常常会压抑自己的感受，忽略对方的心理需求。家不是一个只用理性来说话的地方，而是一个需要更多关怀、更多温暖的港湾，在冲突中让关系更紧密。只追求解决问题的家庭，看起来十分优秀，家庭氛围良好，令人羡慕，但是他们常常会忽略感受、忽略爱，切断两个人的亲密关系，只剩下理性，结果就是有时候你会突然觉得面前这个人十分陌生，少了些亲密感。当然，能做到和平解决问题的家庭，已经是非常不错的了。

四 让冲突转化为资源

然而这四种方式都会给关系带来一定的冲击。只是，冲突只能给婚姻带来负面影响吗？那为什么有的家庭在冲突中走向了分裂，有的家庭却在冲突中走向了亲密呢？幸福的家庭就没有冲突吗？其实所有的家庭都会存在不同程度的冲突。幸福的家庭并不是没有冲突，而是在冲突产生的时候采用了另外一种方案，让冲突成了婚姻的黏合剂。他们在冲突里相互支撑、相互学习、相互滋养，然后彼此成长。如果你愿意，也可以将冲突转化为资源。比如，使用这些方法：

1. 意识到亲密关系里的"我们"是一个共同体。

步入婚姻的殿堂后，夫妻双方就成了一个共同体，而不再是两个单独的个体。

在冲突里会出现两个主体：我和你。发生冲突的时候，是我和你两个个体在争执，却忘了在亲密关系中还有一个重要的元素：我们。在亲密关系里，其实是有三个系统的：我、你、我们。如果只看到前两个，在冲突的时候就总会保护一个人的利益而伤害到另外一个人的利益。但是如果把"我们"这个元素加进来则是另一个局面：其实我们是一个共同体，伤害到你就是伤害到我们的一部分，而我不想我们受到任何伤害。

有人在被伤害，家庭就在被减分。我们的目标，是让"我们"这个共同体加分，而不是用你减分来换取我加分。

2. 学会将人和事进行区分。

冲突产生的时候，最怕事情和人一起被否定。丈夫做错了一件事情或没挣到钱，妻子就会否定他的全部：你这个人真没用。妻子打碎了一个碗，也会被丈夫指责：你这个人什么都做不好。有时候我们明明在说一件事情，可是对方却感觉到他整个人都被否定了。

要构建和谐的家庭，就要学会将事情和人区分开来。我们在一起对某个事情有了不同的态度，但是我们只针对事情，没有忽略掉爱。我认为这个事情你做错了，应该这样做，但是我爱你这个人。

健康的夫妻关系之所以能建立起来，是因为他们能带着爱去解决问题，而不是将情绪发泄到对方身上。

3. 彼此相互学习。

当妻子想和丈夫周末一起去看话剧，而丈夫想和妻子一起去看球赛的时候，不要急着要求对方顺从自己。其中一方可以试着去了解下对方的领域，正好身边有个专家，可以学习到很多自己不了解的东西，丰富自己的世界。同时，一方也可以趁这个机会了解对方的世界，从而双方可以有更多共同的话题，关系自然会更亲密。

带着爱去相处的时候，就容易相互理解，避免冲突。当冲突产生的时候，可以先去看看，他为什么会跟我不一样，有什么新的视角可以整合到我的世界里来。

爱尔兰著名作家萧伯纳曾说："倘若你有一个苹果，我也有一个苹果，我们彼此交换一下，我们仍然是各有一个苹果；倘若你有一种思想，我也有一种思想，我们彼此交流，那么我们每个人将有两种思想。"在亲密关系中也是这样，把你的视角整合到我的世界里，我就学习到了更多，视角更宽广。

4. 自我检视和自我提升。

有些人脾气暴躁，总是觉得别人做得不好，总是认为别人应该怎样。我们自身的性格，就决定了我们在人际关系里会有怎样的表现。在亲密关系里，因为我们没有伪装，所以性格会更真实一些。

解决在亲密关系里发生的冲突，正好是一个检视自己的机会，自己在哪些地方固执坚守，是不是有坚持不放的观念，在其他人际关系中是否也因为坚持这些观念而产生过同样的冲突。自己有哪些性格、哪些处理问题的固有的方式，在其他事情中是否也因为采用同样的处理方式而给别人造成过困扰。

亲密关系是修炼自己最好的地方，因为在这里，我们可以暴露自己很多问题，而解决这些问题，就是在提升自我。

冲突本身并不可以免除，因为没有相同的两个人，差异会永远存在。冲突本身不是问题，如何应对冲突才是问题。如果将冲突视为夫妻关系的羁绊继而指责对方不对，就会将关系推向危险的悬崖；如果将冲突视为机会，则会提升自己并稳固家庭。

洗不洗碗不是问题，
你是否在乎我才是问题

一

谁做饭谁洗碗，一个问题道尽了多少家庭的辛酸。无尽的家务：洗衣做饭，收拾房间。家务怎么做，谁来做，怎么分配，这些曾经被默认为都是家庭主妇的工作内容。在新时代，观念已悄然变迁，但仍然有无数婚姻中的人尤其是女性为此痛苦不堪。当然，我相信很多女人会遇到居家好男人，买菜、做饭、洗衣、擦地，他们样样在行且对她们疼爱有加。她们无疑是幸福的。可是依然有很多女人在结婚后默默承担着很多家务。

我听了太多类似的故事：她承担了家里所有的家务，他不闻不问。她做饭，然后他们一起吃饭，吃完她要他去洗碗，他不去，脏了的盘子堆了太久，最终还是她去洗。她让他去洗衣服，他不去，脏衣服堆了很久，最终还是她去洗。然后她就有很多的委屈：婚姻是两个人的事情，家务应该两个人分担，凭什么全让她一个人做，而他就懒惰到一点都不做。然后她指责对方或者压抑自己的情绪。她越是催促、指责，他越是不想理、不想干，甚至不耐烦了就骂她。她委屈自己压抑情绪，自己默默承担着，他反而觉得理所当然。似乎无论她怎么做，使多少力气，都没有办法让他把碗放到洗碗池里，也没有办法让他把脏衣服丢进洗衣机里。最后，她痛苦地抱怨，甚至结束了这段让她劳累的关系。

这不是个例，我已经无数次听到类似的故事。我理解她们的委屈，替她们骂那些懒惰的老公。同时，我也会告诉她们，你要么去改变他，要么改变自己。你如果不能改变他，就改变自己，然后让他改变。对伴侣有期待是没有任何问题的，问题是你怎样处理这些期待：是强求对方去做，还是用合理的方式实现期待。

二

在这些故事里，她们扮演了受害者的角色，同时我也相信，任何问题都不是一个人单方面造成的，任何一方的改变都会造成系统的改变。

我会尝试着邀请她们去思考，为什么最终都是自己做了。没有人天生喜欢做家务，所有人都喜欢自己什么都不干，然后有人把家务全部都做完，这方面大家都一样。可是为什么受伤的往往是女人？因为她们是付出最多的人。

洗碗事小，但洗碗呈现着两个人的关系互动模式。一个人的委屈绝不是对方不洗碗这一件事导致的，而是一串类似不洗碗的事累积出来的。爱情落地后，就是柴米油盐，就是精打细算，就是谁做饭谁洗碗，每件琐事都在呈现着两个人的互动模式。

洗不洗碗本身不是问题，问题是两个人如何处理不洗碗的问题。**在感情里，你要去思考的是：你做了什么导致他不洗碗，或者你做了什么导致他坚持不洗碗**。当我告诉她们这些的时候，她们会有些不理解。因为她们的观点很明显："因为他太懒了呗，什么都不干，全让我干，凭什么呀？"

我并不是在替那个不洗碗的人开脱，而是帮你找到你该承担的这部分责任。这样的话，你就可以拿回掌控感，让关系往你期待的方向发展。

他有他的问题，被指责也是应该的：娇生惯养，男权主义，懒散邋遢，不知道心疼女人，不知道居家生活。如果要改变，那么当然是他先改变更好。

可是他不愿意改变，那就只能你去改变了。这个改变，不是要你去接纳这个事实继续忍受，也不是让自己接受他就是这样的人的观点，然后自己承担起所有的家务继续委屈，而是你可以换种方式得到你想要的东西，只不过不再通过委屈、压抑或者指责、催促这样的方式。

当然，如果你通过抱怨和指责可以改变关系，那也没有问题。可实际上经验无数次证明，这不可能。因此，你要试着换个方法。

三

　　在亲密关系开始的时候，两个人是相爱的、一致的。她爱他，所以愿意为了他去做，看他吃着自己做的饭，就感觉很幸福。他也爱她，偶尔会帮忙洗洗碗，会送些小礼物，会称赞她的手艺，会表达他的爱。可是后来，她做着做着开始委屈了，为什么她这么累了他都不替她做些事，再后来就是为什么一直都是她在做。从此以后，他也习惯了她做好饭就吃，她洗好衣服就穿，认为一切理所当然。

　　她表面上在抱怨他为什么不洗碗，内在则有一个更深的需求："为什么我做这么多，你看不到？"这是一个付出了很多爱却被忽视了的问题。在她的世界里，饭是为他做的，这是她在表达爱。可是他吃完就去看电视了，完全没有对她的付出做出任何回应。

　　生活还在继续，可是爱被忽视了。那么爱去哪儿了？爱是没有了吗？也不是。他知道他还爱她，只是不愿做家务。她知道她还爱他，只是觉得委屈。

　　在关系里，每个人都有自己想要的东西。她为什么坚持要他去洗碗，她想要什么？仅仅是不洗碗从而轻松点吗？那连饭也不用做了，岂不是更轻松？当他不再表达爱的时候，她希望他能证明他是爱她的。怎么证明？他去洗碗吧。

这表面上是洗碗，背后则是他爱她的证明——你愿意看见我、为我付出、照顾我的感受、体谅我的证明。

他为什么坚持不洗碗？她抱怨、指责，天天婆婆妈妈、絮絮叨叨，除了指责不洗碗就是指责不洗碗，光听着就够烦了，怎么能随便如她愿？

本来他明明可以去洗，现在也不想洗了。他在用抗拒证明：我是一个有自我的人，我没有你说得那么一无是处，我也需要被爱。

于是，争执一直在继续、升级、恶化。当初的爱已经淡去，你们只剩下柴米油盐里的争吵。怎么办？

四

除非有一个人愿意改变，不然争执还会继续升级、断裂。同时，我们能改变的，只有自己，我们可以期待对方为自己改变，但是万万不可强求。

对于他，不喜欢洗碗是没有问题的。当她在厨房围着锅盆转，被油烟呛得咳了下的时候，他从后面抱住她，看她做饭的样子，或者在吃饭的时候说句"辛苦了"，那么饭后她很可能就不再唠叨他去洗碗，而是她自己洗了。但是如果她在做饭的时候他在看足球，一起吃饭的时候他在看足球，她在洗碗的时候他还在看足球，那么，他忽视了她，只会被骂。

对于她，想让他洗碗是没有问题的。当他在看足球的时候给他捶捶背，说声"累了一天，辛苦了"。在他吃饭的时候多给他夹几块肉，说声"多吃点"。如果她用她的方式告诉他她的温柔和爱，那么很可能，没吃完他就去洗碗了。或者如果她直接表达"我一个人做饭洗碗，觉得很被忽视，希望你可以做点什么，让我感觉到被爱"，那么他可能也会去做点什么，来让她舒服些。但是如果她在他看足球的时候说酱油没了，催促他去买，在他吃饭的时候说他都不怎么做家务，在她自己吃完后打开电视让他去洗碗，那么，他可能会对她的请求无动于衷。

我们采用不同的方式去应对同一事件，就会有不同的结果。在关系里，对方只是我们态度的一个风向标，我们怎么反应，他就怎么做。关键是你想要什么，你的目的是什么，只是让他洗碗，还是证明自己能使唤动他，好证明自己是被爱的。如果是前者，很简单，换个彼此能接受的方式就能解决问题。如果是后者，解决起来就比较难了，我们是不是非要用这种方式来证明爱。

五

洗不洗碗本身不是问题，如何证明被爱才是真正的问题。

我们都喜欢对方为自己改变，自己就享受被爱的过程。然后我们去要，常常又得不到，自然会感到挫败或者指责对方。其实我们可以换种方式去要爱，至少有两种：先把自己的爱

给出去，然后再接受对方的；心口相应地去表达自己的需求，让他明白你想要什么。

我们可以保留着我们的期待，只是换一种方式去完成，即以他愿意的方式去完成。

并不是所有男人都不洗碗，如果有了一个可以去洗碗的理由，他们就会去做。这个理由不是我们应该公平，你应该去洗碗，而是我很爱你，我给了你我的爱。如果你接收到了我的爱，那我希望你也能爱我，希望你去洗个碗表达一下对我的爱。他可能会做，也可能不会做，但这起码会比你指责他的结果好得多。

就这么简单。亲密关系无非是一个爱的问题，无论怎么延伸，谁管家，谁持家，谁挑事，谁让步。我们可以制定无数的规则来约束对方怎么做，但在规则不被遵守时我们会感到受伤。其实我们有更好的办法可以得到爱，这个方法就是——爱。

用力对一个人好，
并不能让他感动

我听说了很多凄凉的故事，关于爱情，关于亲密关系，关于婚姻。

有个女孩，四年爱情长跑，两座城市，一段距离，满心的期盼，却换来更远的距离——跨国。接下来她面对的又是两年长跑，八个小时的时差，带着抱怨，带着怨恨，带着期待，带着委屈，带着太多无奈。女孩埋怨男孩出国，男孩没有解释原因。于是，女孩做了一些不好的事情，男孩知道了，更加不知所措。大洋的彼岸，满是心碎的声音，深夜和白天的哭泣。女孩说："我错了，希望能有机会改正，希望去好好弥补。"女孩说，一定会珍惜，一定会做个好妻子。男孩却冷冷地说，需要时间和清净。后来，女孩知道了男孩在大洋彼岸有了喜欢的人。女孩茫然了，不知道是要留在这座城市把握住好的工作机会，还是放弃现在的工作机会去他的城市找他。

走还是不走，放还是不放。在面临纠结错综的感情的时候，这是首先要面对的问题。

有的人放弃了，有的人还在坚守着。有的人得到了更好的结果，有的人一直没有等到想要的结果。在咨询室里，这个问题被无数次问到，这个问题也有无数的答案。人们对这个问题曾有无数的观点，可还是一遍遍重复着茫然。

我没办法去判断她是该放弃还是该继续挽留，也不知道谁对谁错、谁对不起谁、谁又该让步。我更好奇的是现在发生了什么；他们内心经历了怎样一个过程；在他们的互动中，他们给彼此呈现了怎样一幅画面。

1. 努力对一个人好，并不能让他感动。

我看到了女孩给我描述的画面：女孩期待男友可以原谅她，可以放下过去从头来过。

为此，女孩不停地给男孩写信，告诉他她有多么爱他，多么愿意为他付出。女孩不停地告诉他，她现在有多痛苦、多难过、多后悔；还不停地告诉男孩，他的冷淡给了她多大的伤害。女孩一直在说她虽然有过一些不好的行为，但心还是属于男孩的。她拒绝了很多追求她的人，拒绝得很坚决，不像男孩一样心已经不能专一地给她。而男孩是那么无情，不仅不努力修复他们的关系，还告诉她不要等了，让她去找一个更好的。在女孩那么努力地挽回他的时候告诉她，他只需要一些清净。

第二幅画面就是，女孩很辛苦。她觉得，不能再频繁联系让他更烦，也不能不去联系不然他会真的忘记，更不能告诉他自己的事情因为他已经不想听，可正是因为爱他才会跟他讲那么多故事。

女孩有些讨好，用她的眼泪、可怜和誓言去讨好，用她的自我牺牲去讨好，牺牲好的工作、身在家乡的归属感去讨好，用她的小心翼翼去讨好。女孩讨好得很用力，可是男孩收不到，女孩就很委屈。

第三幅画面就是，女孩的指责。她指责男孩不该冷淡，不该忘掉过去，不该把心思分给别人。她觉得，自己付出了这么多，自己这么努力，男孩不该这么对她。

女孩又是指责，又是讨好，真的非常辛苦。女孩之所以这么辛苦，是因为她的观点是：

只要够努力，就能够感动他；只要让他感动，他的心就能回来。

女孩每次努力，都在期待男孩可以回头，期待男孩专心，期待男孩给她一个机会。女孩把所有心思放在了男孩身上，但是男孩没有感觉到被爱，男孩也不会看到女孩内在的渴望。

2. 不清楚对方的真正需要，濒临分手的爱情让人纠结。

可是女孩看不到男孩的内在，她只是在难过中努力去做，没有能量走出来去看看，在男孩的心里又发生了怎样扑朔迷离的变化。

男孩有些逃避。虽然他不说，但他也有些愤怒、委屈、孤单和无助，男孩没有那么坚强。男孩有些想法，留恋曾经的美好却难以接受当下，和女孩在一起的日子曾经是那么美，现在却是那么苦楚，女孩做了些不可被原谅的事情而他又无法接受，想要和女孩再度美好却怎么也找不回曾经的连接，那份内心深处的连接。

男孩在表达自己的无奈，希望不要再联系，希望得到清净，这些是男孩的期待。男孩希望自己一个人去消化这些伤痛，可是女孩一直在纠缠。男孩只好让女孩放弃，好让自己有空间去消化。

男孩说他需要清净。需要清净只是男孩拥有的所有词汇，还有些东西是男孩想要却不敢要，没有意识到也不会去表达的。身在异国他乡，男孩渴望被温暖，渴望被关注，渴望被理解，渴望有连接，渴望自己不再那么孤单。男孩不知道怎样向女孩要这些，因为女孩现在是这么脆弱，脆弱得甚至有些让人心烦。所以，男孩选择了从别的女孩身上去要，却又陷入了内疚之中，所以更加迷茫。男孩不知道，他像一个鸡蛋一样，小心翼翼地用蛋壳保护着自己。

男孩想摆脱这些纠结，这样就不用内疚，也可以安心地去满足对于被理解、被温暖、被关注、被连接的渴望。男孩满足渴望的方式，就是让女孩给自己清净。而女孩满足渴望的方式，就是不停地用付出的方式去索取、去要，要而不得就讨好或指责。

上帝只是在云端轻轻眨了下眼，就让彼此都无法看到真实情况，而选择在自己的世界里继续苦苦挣扎。

3. 在爱里，我们要看到彼此的渴望是什么。

当我跟女孩讲完上述画面后，女孩若有所思，安静下来了。

她决定不再指责男孩，觉得不仅要给男孩时间，还要给自己时间。

关于爱情，我们可以做的其实很简单，就是看到双方渴望的是什么。当我们愿意看到的时候，才开始明了双方真正渴求的东西，然后去决定，要选择什么，放弃什么，要怎样去做。

我在咨询室里听到这些故事时，常常和他们讲一个隐喻：你有一个瓶子，他有一个瓶子，这个瓶子是用来装渴望的。因为爱，两个人在一起。当彼此都内心富足的时候，两个满的瓶子相遇，相互补充，相互交换，相互滋润，两人会拥有一段甜蜜的关系。但是又有某些原因导致彼此的瓶子都没有被装满，于是两人开始产生分歧。剩下两个空瓶子面面相觑，一直通过各种心理游戏来不断向对方索取，希望对方能把这个空瓶子填满——用爱、关注、理解、温暖和连接填满。可是你又看不到，对方的瓶子和你一样是空的。于是分歧升级，你们走到了十字路口，你开始彷徨，开始质疑：爱还是不爱，该走还是不走。

有时候他们会说，因为不爱了，所以要放手；但又因为习惯了或其他原因，舍不得离开。爱情像一根鸡肋，放还是不放，都会痛苦。但是通常，我不会相信他们的这些话，也没有答案可以给他们，因为我不相信，他们真的不爱了。**倘若真的不爱了，他们可以很彻底地放手，没有任何理由可以阻碍他们。**

在内心的最深处，还有一样东西被小心翼翼地保护着，那就是关于自我的存在。他们相爱，或者曾经产生过爱的感觉，是因为在灵魂上产生过交融，深深地连接，曾经忘记了自我的存在，忘记了自我还是个个体地融合在一起，那就是爱的本质，也是承担爱的载体，是爱的接收器、爱的源泉。只要那个东西还存在，爱之火完全可以再度熊熊燃烧。可是自我又那么弱小，像一团即将熄灭的火，等待着被拯救，等待着爱的滋养，等待着燃烧。于是其外在体现就是，渴望爱，期待爱，拼命用各种心理游戏去索取，得不到就又感到受伤。

他们需要做的仅仅是透过层层问题的表象，认识到自我的存在；然后在这个层面上，再度连接，再度交融。这个自我，就是瓶子本身。

所以怎样去面对关系，也渐渐明朗起来。

4. 如何认识到自我的存在，并且让自己变得更加坚强。

让自己的瓶子变得坚硬、充盈，成为好的源泉、有力量的火种，然后生出爱，并把爱给他（她）。这样的爱，不是索取，不是控制，不是牺牲自己。

第一步，看到。看到在关系里发生了什么，在两个人的内在世界里发生了什么。

第二步，决定。在当下做一个决定：要不要去改变，敢不敢尝试。无论做不做决定，都面临着三个选择。选择放弃，不再去努力尝试，然后付出相应的代价，即失落、懊恼、后悔或者有幸找到新的出路；选择继续纠结、痛苦、挣扎，在关系里继续用原来的模式承受与原来相同的结果；选择改变，尝试改变，尝试用另一种方式去面对。我会建议来找我的人做最后一种选择，去冒险。因为你如果冒险失败，就多了一个理由去做决定。你真的在过程中努力过，你没有放弃。如果现在停下来，你就是放弃了。也许你可以做得更好，对你自己再多了解一些。如果你做了，没有成功，也许就真的可以放下。

第三步，把自己的瓶子填满，让自己真的强大起来。深深地扎根于大地，扎根于宇宙。首先肯定自己，肯定自己的存在，然后欣赏自己，因为你坚持到现在，都没有放弃。再多给自己一些鼓励和肯定，让自己强大起来。然后爱自己，去爬山，爱美食，好好工作，照顾家庭。给自己关注，给自己力量，给自己温暖，给自己爱。做自己的主人，自给自足。这是一个很难去说明白的过程，也是一个很艰难的过程，更是最重要的过程。通常对不同的人，我会和他们探讨用不同的方式照顾好自己。可是我始终没有总结出一个放之四海而皆准的方式。

第四步，自己的瓶子坚硬且充盈着爱的时候，就不会再去向对方索取，而是能够给予对方。给他无条件的爱和关注，给他理解和温暖。付出爱的同时，也不再渴望着他的回应，就算他没有反应也没关系。而这才是真正的爱，不求回报的付出。这才是真的感动，对方不会因为你做的事情而为你感到担心，不再因为心软而心疼你，不再委屈自己去满足你；

而是慢慢融化心中的冰，慢慢敞开自己的心扉，慢慢跟你学会如何付出爱。这是一个漫长的过程，少则数周，多则数年，但绝非两三天就能完成。

第五步，小心去维护关系，时刻检查自己的瓶子是否装满了爱，是否坚硬。时刻去检查自己瓶子的状态、他（她）的瓶子的状态。

爱情是存在于关系里的。而关系里有你，有我，两个世界都需要被关注。每个人都会惯性地沉浸在自己的世界里，而忽视了对方的世界。我想说的是，当你觉得受伤时，**不要再等待着被满足，不要再不停地索取，从内心走出去，向他走过去。等你走出来，就会看见，阳光一直都在。**

愿天下有情人，终能看到深处的爱。

先爱伴侣，
后爱孩子

很多家庭在发展过程中，夫妻生活的重心会渐渐转移到孩子身上，夫妻之间也会渐渐忽略对伴侣的关注而把爱全部给了孩子，有些甚至还会对伴侣产生种种不满而将希望寄托在孩子身上。当然，孩子在得到过多关注和爱的同时，也不可避免地承担了父母强加的诸多期望、责任和压力。

家庭是一个系统、一个整体。家庭系统中的每个成员都是元素之一，这些元素用他们固有的方式在属于他们的位置上互动着。如果有人不待在自己的位置上，不按照一定的法则运行，系统就会出问题，家庭成员就会受影响。

家庭作为自然现象存在，像人有生老病死一样，有着自己的运行法则。如果想人为干涉这些法则的运行，就会使系统紊乱。

德国心理学家海灵格通过几十年的研究发现了家庭的运行法则，并且发现很多孩子在成长过程中出现的问题，都与父母没有遵循家庭运行的法则有直接关系。

例如，当夫妻关系失衡或者模糊的时候，孩子潜意识里会想要用自己的力量去拯救弱势的一方而没有心思做自己应该做的事情；当父母对孩子的要求具有双重标准的时候，孩子潜意识里就很难遵循一个固定的标准，他会表现得注意力无法集中；当父母在各自权威角色上缺席的时候，孩子的内心深处就会失去权威，需要再找一个可以依赖的权威替代，网络成瘾等就是因为对互联网等过度依赖而导致的。

当孩子出现行为问题的时候，家长不能单纯责怪孩子，也要检视自己的教育方法和夫妻关系。孩子的行为像镜子一样反映了家庭系统运行的情况。父母对于孩子健康的爱，应该遵循家庭系统运行的法则。例如：

"父母付出，孩子接受。"

父母本身应该是付出者，但很多父母会要求孩子为自己付出来填补自己爱的匮乏。有的父母会要求孩子给自己打电话、帮家里干活、听自己唠叨等，满足自己无法从伴侣那里得到的心理需求。

"当孩子是孩子，父母是父母时，爱最完美。"

很多父母要求孩子听话、顺从等，其实是在利用自己掌握了生存资料的权力，来要求孩子扮演自己的父母。因为父母要求孩子听话，实际上是在要求孩子照顾自己的情绪，成为自己心理意义上的父母。

"当家庭中一个序位低的人把自己放在高的位置时，会无意识地失败，不快乐。"

这个法则在说，当孩子成为家里的"皇帝"的时候，当父母把自己的姿态放得比孩子低的时候，当孩子觉得自己是这个家里的顶梁柱的时候，孩子就不敢成为他自己了，他会无意识地让自己失败，或者不快乐。

孩子所表现出来的问题，要回归到家长的身上。我们可以通过与亲子关系有关的两大家庭运行法则，来窥探一下家庭的秘密。

序位法则：家庭中先出现的关系，要优于后出现的关系。

在一个家庭中，是先有夫妻关系，然后才有亲子关系的，因此夫妻关系要优于亲子关系。当夫妻关系没有得到尊重的时候，亲子关系也不能得到良好发展。很多人在有了孩子后，就忽略掉了伴侣，把所有的爱都投注到孩子身上，这无疑是危险的，对伴侣、孩子、夫妻关系这三者伤害都很大。

对伴侣的伤害。家庭中夫妻双方一方过于关注孩子的时候，就会冷落了另一方，被冷落的一方便会感到失去了人生意义和家庭地位。人在潜意识里都是需要关注和爱的，得不到的时候就会受挫并感到失落，尤其是在为家做出很多努力后，更希望得到关注、支持和爱。

这时候，一个家庭最容易出现的危机就是婚外情的发生。当家庭中一个伴侣在对方那里得不到关爱的时候，就难以抵制来自外界的关爱，甚至还会主动去寻找。即使道德约束也难以遏制潜意识里累积的对于关爱需求的爆发。因此，一旦出现这种情况，请不要单纯斥责伴侣，而是要尽快把对孩子的关注重新转移到伴侣身上，恢复爱的序位，挽救家庭。

对孩子的伤害。当孩子成为其中一方过度关注的对象时，那么，这方家长就会无形中把对伴侣的期待也强加给孩子。比如，一位妈妈过度关注儿子，无形中便把儿子当成了丈夫，希望儿子承担起丈夫的角色："孩子要理解我、听我的话、赞同我的意见"；"要感激我的付出"；"当我与配偶发生冲突时，孩子要站在我这边"；等等。

而取代另一方家长的位置会使孩子感到愧疚，这种压力会迫使他更加渴望自由、渴望逃离，甚至离家出走。心理学分析，孩子的愧疚感有时候会以生病的方式来告诉家长："我想把位置还给那一方家长，我不想取代他。"从意象的角度来看，生病是死亡的意象，因为生病在心理学意义上意味着"我将要走向死亡"。在孩子的潜意识里，他以为自己消失后，就可以把这个位置还回去，从而拯救爸爸妈妈的和谐关系，拯救家庭。

对夫妻关系的伤害。当一方长期关注孩子而忽视另一方的时候，夫妻间的爱就会空缺，连接也会减少，夫妻关系会依赖于孩子的存在而存在，孩子就成了维系夫妻关系的唯一纽带。当孩子逐渐长大，求学或结婚离家后，这个纽带突然消失，会使夫妻关系陷入无所适从的状态。而连接的长期空缺，使得再次建立十分困难。

对于孩子来说，父母关系和谐是健康成长过程中最坚实的基础。如果一个家庭疏忽于建设夫妻关系，把做好爸爸或者做好妈妈优先于做好夫妻来考虑，其结果是孩子只能得到一份不完整的爱，他会终其一生尝试整合它们。

因而，健康的爱的序位，必然是这样的：爱自己 100 分，爱伴侣 90 分，爱孩子 80 分。因为在系统中，是先有了自己，然后有了伴侣，最后才有了孩子。

事实法则：不要否定伴侣作为孩子父母的身份。

孩子的一半来自父亲，一半来自母亲，这是事实。否认孩子父母中的任何一方，都等于无意识地否定了孩子的一半。另外，孩子在潜意识里都希望父母是结合体，家庭关系和谐幸福。孩子最大的渴望，就是能与父母都产生连接感和归属感，依偎在他们的怀抱里。

父母作为夫妻双方，不和谐的现象难免发生。当夫妻吵架的时候，如果一方总是对孩子说另一方的不好，孩子就会心生反感和抵触，替另一方感到不平，因为另一方也是孩子的一半。他或许会认同一方的观点，就像如果母亲总是说父亲的不是，告诉孩子"你爸爸是个懒惰、不负责任、喜欢赌博的人"，孩子会同情妈妈而生爸爸的气，但是潜意识里却想保护爸爸，想和爸爸有更深的连接。在他长大后，很有可能成为一个"懒惰、不负责任、喜欢赌博"的人，或者会和有上述缺点的人结婚，用这样的方式来完成和爸爸的连接。

因此，夫妻在吵架或准备离婚的时候，只是针对他作为你的伴侣让你失望，但是不要完全否定他这个人，因为你孩子的另一半来自他。你依然要维护他在孩子眼中的形象。在对待伴侣时，即使无法原谅对方，也要在心里认清和接纳这个事实：我对你做的事很失望、很生气，甚至无法原谅，可是我仍然认同你是我们孩子的爸爸（妈妈）。

所以，你如果希望好好爱孩子，那么首先要好好爱你的伴侣。你就算已经不能再爱伴侣了，也要爱对方作为孩子父母一方的角色，支持他（她）与孩子之间的良好关系。

万事万物的运行，都有自己的法则。如果不遵循这个法则，系统就会失衡，出现问题。

家庭也是如此。一个健康的家庭，必然是先爱伴侣，后爱孩子的。夫妻要先成为好夫妻，之后才能成为好父母，那么孩子也才能成为真正幸福的孩子。夫妻双方也只有相互尊重和彼此相爱，才能让彼此感觉到自己是被爱的，是充满爱的，从而才能更好地爱孩子，才能给孩子健康的爱。

家长，
请直面你的期待

一

　　望子成龙、望女成凤是每个中国家长的心愿，这本无可厚非。可是有些家长，却将自己沉重的期望变成了孩子的包袱或者累赘。希望孩子学习认真，写作业不转笔；希望孩子性格外向，与人交往懂礼貌；希望孩子情绪稳定，遇事不要大哭大闹。

　　父母以为的教育，其实是父母自己的期待。孩子从小到大一直生活在父母的期待里，不得解脱。父母常常会将希望自己的孩子能够出人头地解释为爱孩子，可这样的爱，总会无意间剥夺孩子的快乐和自主权，甚至会剥夺孩子的自我。

　　教育是一种期待，但期待不一定是教育。教育是引导孩子向上的期待，但期待有可能仅仅是在满足家长的某种私欲。你要小心，因为如果不能有效处理对孩子的期待，就会伤害到孩子。

二

作为家长，不能直面自己的期待，会给孩子带来哪些伤害呢？

孩子不能做自己，找不到存在感。 孩子从小到大就学会了一样东西：听妈妈的话，做父母认为正确的事和应该做的事，比如读什么书，培养什么兴趣，上哪个学校，学什么专业，结婚选什么样的对象，等等。父母决定了孩子的命运并安排了孩子的生活，而对于什么才是自己适合、喜欢和想要的，孩子却并不知道。我们在生活中常常见到这样的人：他有着令人羡慕的高薪工作，有着条件优秀的伴侣，但是他并不快乐，甚至会惆怅、迷茫。因为他实现了父母和社会的期待，却失去了自己最真实的热爱。

孩子内心充满恐惧感、强迫感，追求完美，缺乏安全感。 对孩子有高期待的父母的爱在孩子看来，是有条件的爱，只有满足了父母的期待才能得到爱。很多家长会这样做，如果孩子考试考得好，就会给予孩子奖励；如果考得不好，孩子则会被否定甚至惩罚。可能在家长看来，他否定的只是孩子的成绩，可是他不明白这个成绩对孩子的意义；在孩子看来，他是整个人被否定掉了。他们会形成这样的观点：我只有优秀的时候才配得到爱，不优秀的时候爸爸妈妈就不爱我了。所以他们非常害怕自己不再优秀、不是第一，便强迫自己追求完美，内心的恐惧使他觉得在哪里都找不到安全感。

孩子挫败感强，自我价值感低。 如果父母对孩子的期待过高，甚至是难以实现的，那么孩子就会逐渐产生挫败感，进而影响自信心的建立。例如，有的家长没有考上清华，便将这份期待转移到孩子身上，希望孩子能完成他这一生没有完成的心愿，所以希望孩子每次考试都能得到最高分。一旦得不到高分，孩子就会面对家长的责备，丝毫感觉不到家长对自己努力的肯定和鼓励，反而觉得自己很无能，天生就笨，从而渐渐失去信心和勇气。这样的孩子长大后，会形成否定自我的思维方式：我就是比别人差，我就是不优秀。

三

作为家长，心底的那份期待又是从哪里来的呢？

家长的期待，来自他们的认识和经验。家长依据自己多年来积累的人生经验形成了自己的价值判断，他们很容易认为这就是世界唯一的标准，他们希望孩子按他们的世界观来做事，少走弯路，因为他们认为这样取得成功的概率会更大。他们无法接受孩子自己尝试探索的行为，因为那些行为很有可能导致的失败或错误是家长所无法承受的，他们更不愿意让孩子承受。

家长的期待，来自自己未完成的情结。在人一生的成长过程中，总会留下很多遗憾，如自己的梦想或者心愿由于种种原因没能实现。于是，这些遗憾就变成了家长的期待，并被有意无意地强加给孩子，希望孩子能替他们实现梦想，而忽略了孩子自身的需求和特点，忽略了孩子最适合的是什么，最想要的是什么。

家长的期待，来自他们的原生家庭。很多家长都没有学习过怎么做家长，他们并不懂得如何健康地教育孩子。在他们的世界里，唯一的经验就是他们的家长曾经教育他们的方式，告诉他们什么是好、什么是坏。他们只能把在原生家庭里学到的观点和背负的期待，再传给自己的孩子。

四

作为家长，我们该如何合理应对自己的期待呢？

首先，要觉察到期待只属于自己。

我们的期待是我们每个人自己的，这个期待属于你，同时意味着你要对这个期待负责。作为家长，你希望孩子对你的期待负责，为你的期待努力，这是不公平的，孩子没有义务完成你的期待。可是孩子又本能地愿意服从父母，他们也希望通过努力实现父母的期待，从父母那里得到他们所需要的心理营养，比如父母的赞扬、认可、尊重、关注和爱。如果看到了这一点，那么作为父母，我们是不是应该感谢孩子为此而做的一切呢？

所以，当你对孩子有要求的时候，我们要觉察到，这仅仅是自己的一种期待，而不是爱孩子的一个条件。不是只有在他达到你的标准时你才会去爱他，而是无论孩子做成怎样，你都爱他。

其次，学习如何应对自己的期待。

在应对期待上，我们常常采用以下五种方式：

放下。如果拥有一个期待并不能给孩子带来快乐，可以尝试着将这个期待放下。没有任何一个期待是必须有的，期待只属于我们自己，而不应强加给别人。放下这个期待就是很好的处理方式之一。例如，你期待孩子学弹钢琴，而他则喜欢玩泥巴。你可以放下对孩子学弹钢琴的期待，尊重孩子的兴趣。发掘孩子玩泥巴给他带来的快乐和意义，有助于你自己放下期待。

降低期待。有的期待我们是无法做到放下的，这个时候就去看可不可以降低一下要求，比如，我要求孩子成绩优秀、身体健康、多才多艺，而现在我只要求孩子成绩优秀、身体健康，才艺可以没有。这就是降低了期待，而孩子马上就会觉得压力减轻了。

替代。如果自己有一个期待，而孩子不喜欢这个期待，则可以找另外一个期待来代替以达到最终的目的。例如，我们期待孩子在周六去上钢琴辅导班，如果孩子不喜欢去，则可以替换成他喜欢的活动内容或者重新商量其他的时间，总之换成他能接受且愿意的方式。

保留这个期待。很多人对自己期待的一切是绝对不会放下的，即使痛苦、难过，也要抱着这个期待，这样的家长也是有的。既然要保留期待，那么应当意识到，这个期待是一份"套餐"，不只有你喜欢的，还有你不喜欢的和你不能接受的。你如果坚持要孩子按你的方式来，就必须同时接受这个"套餐"：孩子会成为你的意志的一个延伸，他可能会不快乐甚至会很痛苦；而你必须在认识并接受这个代价的基础上才能决定保留这个期待。

回到渴望。体察自己的内心，回想自己为什么会有这样的期待，自己到底在渴望什么，想要什么。有的家长生活在农村，家里孩子多，自幼生活贫寒，常常食不果腹，就会期待孩子吃饭的时候尽量多吃一点；有的家长没有机会好好读书，就期待孩子多读书、读好书；有的家长从小没有培养什么兴趣爱好，成年后羡慕别人有特长，就期待孩子能有很多特长，争取很多的表现机会。家长的期待源于其自己内心的渴望，这份渴望又是因为曾经的缺失。家长在看到这一点是自己内心的需求时，要多去关爱自己，疗愈自己的内心，解决自己在原生家庭里未解决的问题，避免对下一代继续抱有不合理的期待。

五

我们永远相信，人是家庭塑造出来的。家长怎样对孩子，就会产生怎样的孩子。当你无法面对自己的期待时，孩子就会成为第二个你，而无法成为他自己。所以你要去思考：

你是希望孩子成为第二个你，还是成为他自己？

无论你选哪个，家长，请首先直面你的期待。

爱自己，
才能真正爱孩子

一

每个妈妈都全身心地爱着自己的孩子，这点不容置疑。自从有了人类，在养育孩子上，女人在大多数情况下比男人投入了更多的时间、精力和情感，女人也发展出了更多满足这一需要的特质：感性、细腻、乐于付出……

但现代社会，随着女性承担的社会责任逐渐增多以及其社会地位逐渐提高，女性在外面和男人一样辛苦工作，但回到家还要投入另一个战场——家庭，操持家务，照顾孩子。

都市的清晨，妈妈带着孩子急匆匆赶路的场景到处可见；黄昏，领着孩子，提着大包小包、水果蔬菜回家的妈妈们的身影也是一道随处可见的风景；周末，和孩子一起奔波于各种特长班、辅导班，鞍前马后的，还是那些辛勤的妈妈；很多妈妈给自己买的都是打折的衣服，却让老公、孩子的打扮一直走在潮流的前面；饭桌上吃不了的饭菜从不舍得倒掉，全都收进了自己的胃里……

妈妈们在一起的地方，听到最多的是这样的感叹：

"结婚有了孩子后，我就没了自己的时间！"

"你看看，自从生了孩子，我工作也落后了，人也变老、变丑了！"

"我和同学、朋友都很长时间不联系了！"

"我很久都没去逛街了！"

"我整个人全变了，都不像我了！"

如果所有的付出能换回家庭的幸福，那也值了。可常常事与愿违，辛苦一场，孩子却并不领情，成绩不如意者十之八九，更糟糕的是亲子关系也不如预期，孩子有什么事情都不愿意和你说，你成了他最熟悉的陌生人。由于过度将精力放在孩子身上，你和伴侣的关系也发生了一些微妙的变化，似乎不如以前那么亲密了……

妈妈们开始迷惑了：这到底是怎么了？难道我那样爱他们，爱这个家，错了吗？

二

爱是什么？

爱是一种能力，一种情感；爱是"给予"，是自我付出，并且不期待等值的交换。能去爱别人的人需要有强大的心理能量，就像太阳。而一个一直为别人付出、爱别人的人，同样也需要源源不断地获得爱。可是，这些爱从哪里来？妈妈们往往把希望寄托在老公和孩子身上，然而老公和孩子常常让她们失望，给不了她们想要的爱。

妈妈们感觉绝望的时候，却看不到对自己的将来更重要、对自己来说更可靠的那个人是自己。一个连自己都不能爱、不会爱的人，又怎能好好地爱别人？

你爱过自己吗？你细心地照顾过自己吗？你关注过你的喜怒哀乐吗？你的需要、你的渴望是什么？你想过要主动去满足自己的这些需要吗？

没有，你一直在付出，希望通过自己的付出来换回这一切。

人，有一个很奇怪的现象，当自身缺乏某些东西的时候，就特别希望从别人身上要。比如，我们自身缺乏安全感的时候，总是期待有人能带给我们安全感；我们没有被重视的时候，总是希望有人能重视我们；我们缺乏心理营养的时候，总是希望有人能照顾我们，滋养我们的心灵。

而我们每个人又会通过自己的方式来满足这些需要，比如有的人比较强势，就会去指责和抱怨；有的人比较善良，索取的方式就会隐蔽一些，通过"对你好"来达到"你也要对我好"的目的。

带有自我牺牲的爱，都不是真正的爱，这样的爱是有条件的。当你的付出无法换来你想得到的一切，你就会感到无奈、无助、伤心和失望，于是，很多妈妈会产生情绪问题，全职妈妈们的情绪问题更严重。如果这个妈妈不懂得处理自己的情绪，就会给家庭，特别是给孩子带来很多消极影响。**妈妈的情绪是否稳定，会影响孩子的安全感和价值感。**妈妈的训斥、指责，不分场合的发火，甚至暴打孩子，把孩子当出气筒，会使孩子在承受身心打击的同时也用同样的方式处理自己的情绪。

带有自我牺牲的爱，实际上意味着这个人已经不爱自己了。一个不爱自己的人，内心就会缺乏爱，就会无法控制情绪。内心越是缺乏爱的妈妈，越会本能地更强势地控制孩子和老公。而控制的力量有多大，他们往外挣脱的力量就会有多大。也就是说，我们的"爱"已变成了伤害，既伤害了自己，也伤害了他人。

所以我们从根本上要管理的不是情绪，而是自爱。一个内心充满爱的人，必然会带着爱去理解和尊重别人，而不是情绪泛滥。

心理学上把这种行为叫作"非爱行为"，就是以爱的名义对最亲近的人进行非爱性掠夺。这种行为往往发生在夫妻之间、恋人之间、母子之间、父女之间。它是一种以爱的名义所进行的强制性控制，强制让他人按照自己的意愿去做。

英国著名心理学家西尔维亚说过："这个世界上几乎所有的爱都以聚合为最终目的，只有一种爱以分离为目的，那就是妈妈对孩子的爱。"

妈妈真正成功的爱，是让孩子尽早作为一个独立的个体从你的生命中分离出去。这种分离越早，你就越成功。从这个意义上来讲，与孩子保持适当的距离，保持自己和孩子的独立才是对孩子真正的爱，是一种对孩子人格的尊重。同样，夫妻之间也要保持适度的个人空间，那些对丈夫、孩子管得过多、过细的妈妈要常常想一想：我做这些是满足人家的需要，还是我自己的呢？

爱自己就是要先满足自己内心对爱的需要，把自己照顾好，把自己内心的空瓶子用自我接纳、自我关注装得满满的。"杯满自溢"，当你的内心充满了爱时，你就不会再去要求他人来补偿你，你才能放手，从而拥有轻松的关系。

三

爱自己，从做自己的好父母开始。

人们内心，都有一个"内在小孩"。内在小孩是脆弱的，他经常会感到无助，需要人来照顾，需要别人接纳他的无理取闹。小孩子有这种特权，他可以堂而皇之地索取妈妈的照顾，要求妈妈接受他的无理取闹，当妈妈接纳他的时候，他就能感觉到被爱。

人长大了后，是可以当自己的"内在小孩"的好父母的。你可以坚持温和地对待自己，无条件地接纳并认可自己，欣赏自己，包容自己的不完美，与自己的心灵沟通，同时照顾自己，满足自己的需要，滋养自己。

学会表达自己，管理自己的情绪。

爱自己，就不能忽略自己的感受，多正常地表达自己的感受、想法和需要，而不是指责和抱怨。学习正确处理自己情绪的方法，尤其是面对孩子时，做个乐观、情绪稳定的妈妈。

学会放手。

对家庭事务、对老公和孩子适当地放手，一家人一起分担家务，每个人管理好自己的事情，给自己减负，要留出时间来给自己，安排属于自己的活动，聚会、逛街、旅游，让自己的生活和内心更丰富。同时，你腾出了空间，丈夫和孩子才有空间来展示自己对家庭起到的作用和对家庭承担的责任。家就不再是你一个人的了。

除此之外，音乐、阅读、冥想、大自然，经常与乐观、积极的人在一起，这些都能帮助我们爱自己，带给我们正能量，帮我们建立和自己内在的连接。平时不管多忙，也要在心里留一片空间给自己，在那个属于自己的空间里，听听自己喜欢的音乐、读读自己喜欢的书，这样的事情能带来实实在在的美好感受，让自己的内心更有力量。

当我们能够做到爱自己的时候，真的会有奇迹发生。你会发现你做得少了，而老公和孩子却与你更亲近了，家庭更和睦了，生活也更美好了！

妈妈们，从这一刻起，经常问问自己的内心吧：最亲爱的我，你好吗？我该怎样去爱你呢？

因为只有懂得了爱自己，才能真正爱我们的孩子。

当父母们想去修正孩子的行为时

一

这不仅是个"拼爹"的年代，更是一个"拼孩子"的年代。父母们在思考自己的工作是否比别人好的时候，在抱怨为什么自己的爸爸不如别人的爸爸的时候，也会去比较我的孩子是否比别人的孩子好，我的孩子是不是正常的。父母们在享受孩子们可爱的行为带来的欢乐的同时，也经常因他们而感到恐慌：

孩子时不时吮吸手指头，是不是有强迫症？小手随便乱摸，摸得满手都是细菌怎么办？玩泥巴是让他挺开心的，可是泥巴终究是很脏的东西呀！孩子不好好学习，考试考不好怎么办？虽然说要尊重孩子，可是这样下去他就完了呀。

他们想及时修正孩子们的错误行为，但又不知道如何正确地表达。不幸的是，他们总是习惯性地强行禁止，或者用颁布指令似的口吻说道：

"放下，不准摸！"

"不要玩××！"或"不要动××！"

"你怎么这么不爱干净?！"

"再××就打小手，知不知道?！"

而更为不幸的是，在这样的相处模式中，孩子逐渐学会了见招拆招，而忘记了他们本来的样子，丢失了做自己的机会。

二

面对孩子的"不合理行为"，父母们在如何应对呢?

玩泥巴，用脏话表达情绪，吮吸手指等不合理行为的产生，是因为孩子的部分内在需求没有得到满足，需要通过这些行为来达到平衡。如果这种需求得不到满足和尊重，甚至总是遭到禁止，那么对孩子来说，这就是一种指责和控制。

有些父母会不自觉地利用自己是孩子的生理营养和心理营养的供给者这一权威角色，给孩子压力：我供给你，所以你要听我的。这种父母会把自己认为对的东西强加给孩子，并要求孩子即刻停止某种行为。这时候，孩子为了继续获得父母的爱而不得不暂时委屈自己放下需求而去讨好父母。孩子如果处于第一逆反期（3 岁左右），就会反抗父母的专制。反抗失败时，孩子会逐渐变得孤僻或进行程度更深的讨好。

有些父母则反其道行之，因为宠爱孩子而无休止地满足他，纵容他的种种不良行为。而这只会促成各种教育悲剧。**这种因宠溺而不忍心修正孩子的行为，是一种"讨好"，父**

母把孩子的需求放在至高无上的位置，为了让孩子开心而不对孩子进行管教。殊不知，当父母把自己放在卑微的位置上的时候，孩子就失去了依靠，所以只能放纵自己的欲望来获得心理上的满足感。

还有些父母看似开明，会非常耐心地给孩子讲解是非对错，这种对话姿态失准类型叫作"超理智型"。他们会耐心地告诉孩子不该玩泥巴、不该啃手指等。不严厉打骂而是理智地讲道理是正确的，但是过于理智反而会伤害孩子。这种沟通方式的滑稽之处在于，孩子，尤其是幼儿期的孩子尚处在"直觉行动思维"的阶段，他们采用的是直接与物质活动相联系的思维。该阶段的孩子是无法判断对错的，他们唯一懂得的就是满足当时的需求。所以，此阶段"苦口婆心地讲道理"无异于"对牛弹琴"。

我们都知道，若采用不恰当的行为方式进行沟通，沟通效率就会很低，两人的关系甚至会走向负向亲近。亲子关系亦然，当父母采用不恰当的沟通方式去应对孩子的时候，他们的关系只会日益疏远。而采取有效的、健康的方式和孩子互动，及时地修正孩子的错误行为，则能避免陷入控制、讨好和"超理智型"对话姿态的怪圈。

三

当父母想修正孩子的行为的时候，已经默认了孩子是不对的。实际上，**哪里来的"不对"呢？不要用自己的固有思维限制孩子的思维发展。**

别人的意见和做法与你不一致，在生活中太过常见。成熟的人的做法是虚心向对方学习，"择其善者而从之，其不善者而改之"；不成熟的人的做法则是"坚持自己才是对的，认为对方肯定是错的"。亲子关系也是人际关系的一种，大人比孩子多了二三十年的经验是否就一定对呢？

邹奇奇，被美国媒体誉为"世界上最聪明的孩子"，曾经发表的演讲《成年人能从孩子身上学到什么》震撼全球，她向全世界的大人发出疑问："你上次被评价为'幼稚'是什么时候？像我这样的孩子，被称作'幼稚'是件常有的事。每一次我们提出无理的要求，或者是有异于常人的表现时，我们就被称作'幼稚'，这真的很让我为之烦恼。"

其实，孩子在从自己的视角看待问题的时候，只是与大人的观察角度不同而已。除了那些危及他生命的行为需要被制止之外，大人们需要向孩子们学习，因为他们的视角里自有你意想不到的美丽。

孩子的行为不符合成年人的认知经验，是否就不对或不好呢？我不得而知，因为我是一个从小在农村长大的孩子，从来没有人制止我玩泥巴、啃手指。当长大后回忆起童年时光时，我觉得那时候的泥巴给了我无比的快乐。成年人"自以为是"地只看到了消极的那一面，比如"脏""细菌"，而从来没有从孩子的角度用心感受那些游戏带来的乐趣。

也许，父母可以试着放下"我是大人，我的话就是权威"的观点，试着去尊重孩子的视角，带着尊重和平等去沟通，去交换意见，孩子就能用开放的态度接受观点。

四

父母需要做的，是陪伴，是鼓励，而不是强求与控制。

然而这其实很难，有时候我们不得不说"父/母"是一个高难度的角色。因为父/母既需要像朋友一样和孩子开心相处，懂得尊重彼此的观点，又需要承担"供给者"和"教育者"的角色，甚至还得在筋疲力尽的时候扮演上帝，无限满足孩子的需求，尤其是孩子的心理需求。我们的心理同样有需求，就像身体对于食物有需求一样。孩子的身体和心理都需要依赖父母。

无条件的、有安全感的爱是孩子的第一心理需求，也是低层次的需求。孩子需要感受到爸爸、妈妈给出的这样的爱：无论我好与坏、对与错，你们都是爱我的，都不会抛弃我。有如此信念的孩子才会敢于自由地做自己，自由地感受快乐，自由地成长。但是在"控制""讨好"与"超理智型"里，孩子会渐渐感受不到这种爱。

在"控制"里，孩子很容易就能感受到做哪些行为才会被爱，而哪些不会，仿佛只要不听话就会被抛弃。甚至，我们常常会听到这样赤裸裸的威胁，"你再不听话我就不爱你了"，虽是玩笑话，但可想而知，这些话在孩子幼小的心灵里激起了多少涟漪。

在"讨好"里，父母把成年的自己放在过于卑微的位置，一切以孩子为重，却让孩子无法感受到父母如高大的树般给出的安全的庇护，孩子只觉得自己像一只断了线的风筝无处可逃，被放任自流而无法停泊在一个有威严、爱和安全感的形象提供的港湾里。

就超理智型对话姿态而言，那些大道理被理所当然地提升到训导的层面，而此时，爱就不自觉地被隐藏了。这一点在伴侣之间的亲密关系中也很常见，如当你过度和伴侣讲道理、分析对错的时候，爱恰恰就被忽略掉了。

这时候，父母需要带着无条件的爱去和孩子相处，给孩子坚实的安全感。父母要先表达爱，然后再和孩子沟通，让孩子真正地感受到自己是被接纳的，被爱的，是不会被抛弃的。而这就是真正的陪伴。

成长和探索是人生的基石，是孩子的第二心理需求，也是高层次的需求。需求的背后是认可。孩子需要通过不断地探索和象征性游戏来完成对世界的探索，并期待从父母那里获得"你很棒"这样的认可，还希望父母不吝用鼓励推动自己继续探索。玩泥巴、爬桌子、说脏话等行为都属于象征性游戏，是孩子自发选择的一种方式。这时候，父母需要在认可的基础上去鼓励孩子做一些可以满足自身需求的事情，而不是强行禁止。

阻止一种行为出现的最好方式是用别的行为替代它，而不是强行禁止或纵容。当他的需求在另外一件事上渐渐被满足的时候，原先的行为就会自然被替换掉而不会对孩子造成任何伤害。

五

所以，当父母们想去修正孩子的错误行为时，需要反思自己惯用的那些话语和行为是否会给孩子带来伤害，反思是否要把自己的标准答案强加给孩子，反思是否可以选择一种能满足孩子心理需求的方式来替换错误的行为，而更为重要的是要确定孩子的心里此时仍然充溢着爱和信任。

因为懂得，所以才能变得更好

第四部分

做自己的心理咨询师

一

心理学在这个时代渐渐流行起来，俨然已经不再是"心理有病"的代名词，而是代表着如何让自己更幸福开心。越来越多的人通过各类文章和身边人的改变开始接触心理学，并且意识到它的价值。

身边很多人开始跟我说喜欢心理学，也想学习，但不知道从哪里开始。然后我就会给他们推荐一些书和课程，分享我的经验。心理咨询的学习是系统、漫长又复杂的，没有足够的心理准备的确很难学好。所以当我指出一系列思路的时候，他们会发出一个犹豫的信号，用充满疑惑和抗拒的眼神望着我，跟我说：

"我喜欢心理学，但没想过要从事心理学工作或成为心理咨询师。我有必要花时间去学心理学吗？"

我发现我草率了，回答得太不专业了。没有先去好奇别人为什么想学，为什么喜欢，就匆忙分享了一堆自己的历程和成为职业心理咨询师的见解。

的确，心理学每个人都可以多少学点，但真的不需要而且也不是每个人都适合成为心理咨询师。有没有必要学心理学不是我所能评判的，但我想说说普通人为什么需要学点心理学。

广义上的心理学研究范围是非常广的，很多学科研究的确与普通人的关联并不大，涉及实验统计、脑神经科学、显著差异研究等。我们口中常谈的心理学实际上是指应用心理学中的临床心理学，即心理学在我们的日常工作与生活中是如何应用的。其基本作用之一就是帮助人减少烦恼，给人力量，让人可以变得快乐与幸福。

每个人都会有不幸福的时刻，也都有过迷茫的瞬间。那些时候我们的体验并不好，而心理学可以让一个人的感受变好点。那么从这个功能来看，我觉得，心理学应该成为人人必备的技能之一。

二

我们的心理也需要被照顾，当我们的心理需要长期没被满足的时候，我们的心理状态就会表现出一系列的饥渴反应：情绪化、易暴易怒、自卑、拖延、抑郁、迷茫、挫败、人际关系紊乱、情感关系破碎、亲子关系失利等。这些症状其实都在提醒我们，我们的心理比较饥渴了，需要补充营养，需

要你的照顾。

当我们对满足心理需要的渴望迫切到让我们感受到明显不适的时候，我们就需要找心理咨询师帮忙调节。

我们的身体也是如此。身体需要养料，需要我们的照顾。若我们长期不给身体补充营养，我们的身体就会出现一系列反应：面黄肌瘦、记忆力下降、注意力不集中、免疫力下降等。当身体对营养缺乏到一定程度后，我们就会去看医生，需要医生或营养师帮我们调节。

但不是每个人都看得起医生，也不是每个人都请得起营养师。所以，我们为了应对及避免身体营养不良，就可以使用很多别的方法：学习营养搭配的知识，学习做营养餐的技术，做自己的营养师和厨师。我们如果掌握了这些知识和技能，除了能调理自己的身体，还可以帮自己的朋友和家人做饭，让他们也可以吃到营养且健康的饭菜。

我们的心理需求也是如此。我们学习心理学知识，练习相关技能，目的可以不是成为专业的心理工作者，而是做自己的心理师，补充自己的心理营养，自我调节。在心情不好、人际关系紊乱、价值感受挫的时候可以有方法自己应对。

当身边的人不开心的时候，当家人出现情绪问题的时候，甚至当身边的朋友遇到心理危机、出现烦恼的时候，我们都可以适当地用自己所学的知识进行干预，让他们可以活得更快乐、更幸福。所以，我们可以做自己的心理师，做身边人的心理师。

我们可以用自己做菜、煮饭的技能，给家人、朋友做做饭，帮他们搭配餐点保证他们的身体摄入足够的营养。这样做也可以给自己力量，可以给身边的人带去温暖和快乐，补充他们的心理营养。

推而广之，我们的生活需要学会很多技能，来让我们过得更好。我们不需要成为专家，但是要懂得基本知识，掌握基本技能。这些与生活相关的基本技能，可以大大提升我们的幸福感，提升应对生活突发情况的能力。

比如我不需要成为工程师，但我可以学会修电脑；我不需要成为书法家，但我想学会写毛笔字；我不需要成为翻译家，但我需要学点英语；我不需要成为厨师，但我要学会做饭；我不需要成为服装设计师，但我要懂得一些服装搭配；我不需要成为音乐家，但我可以学会唱歌和弹吉他。

这些额外的生活技能，都可以给自己和身边的人带来欢乐，甚至帮助。

心理学也是如此，你不需要成为专家，但可以涉猎一二。你可以花费时间、精力、财力去学习，就像学习厨艺、插花、搭配、化妆一样。学习变幸福和学习变好看，从本质上来说是一样的。

三

我始终觉得，作为一个人，可以让自己快乐，可以给身边的人带来温暖，是一件非常有价值的事。

有了心理学知识，当朋友心情不好，比如失恋、失意的时候，我可以不必急着提建议，而是试着倾听与共情，在适当的时候给予准确的安慰，并提供有效的方法给予支持。

有了心理学知识，当自己感到挫败、无助的时候，可以给自己力量，帮自己找到资源，看清前面的方向，让自己在一次次困境中得以成功应对，拨开云雾，重见太阳。

有了心理学知识，当人际关系出了问题，当自己被生活欺骗时，能迅速追根问底，找到问题的症结，分析自己的状态，充分认识到自己的行为模式，进而改正错误，收获和谐、幸福的关系。

有了心理学知识，在恋爱及婚姻关系中，出现了分歧，就知道如何有效地处理。

有了心理学知识，当结婚生子，在与孩子的关系中出现显著差异的时候，能反思自己的教育模式，与孩子和谐相处，给孩子一个和谐、安全、宽容、接纳的环境。他若能够快乐生活，开心学习，则胜过上100个补习班。

这难道不是很有意义吗？

学习心理学，不仅要学知识，还要学技能。像游泳、书法、做饭一样，通过阅读和学习可以获得是什么及该如何的道理；但是掌握这些技能，还需要接受指导并进行练习。这就是我和我的同事们为什么在培训大众心理学。我们就是想让人们可以在模拟及练习中真正掌握心理学的一些基本技能，进而可以在生活中应用，改变生活的状态。

技能学习的好处就是，你一旦掌握了它，它就会成为你生命的一部分，在潜移默化中发挥作用，在你需要的时候发挥作用。你在用它的时候，常常会忘记你在用它。当你掌握了更多技能后，你也会成为一个对自己和身边的人更有用的人。

人生在世，不需要成为所有领域的专家，却可以掌握许多基本技能。让自己和他人快乐，就是其中很重要的一个能力。而心理学，就是通往这个目标的一条很普通却也很重要的路。

你可以不以心理学为生，却可以成为自己的心理咨询师。

你不是真的想改变

一

很多人想改变一些现状。比如，想改变自己的生活现状，想走出迷茫，想改变自己的某种能力，想改变自己的性格，想改善和孩子的关系。他们有很多想得到的东西，但是却苦于得不到。

有时候我问他们：你真的想改变吗？他们说想。然后我又问：那为什么不去做呢？他们说不知道该怎么做。

比如，有个人跟我说"我喜欢心理学，但我没有机会接触"，于是，我和他开始了一系列苏格拉底式的对白：

丛：为什么没有机会接触呢？

他：因为我不是这个专业的。

丛：只有这个专业的才能接触吗？

他：不是。

丛：那你是否曾找方法去接触呢？

他：不知道有什么方法。

丛：你想过去找方法吗，还是没想就觉得找不到？

他：没想过。

丛：那就是一直没有找机会去接触是吗？

他：是。

丛：这两种表达有什么不一样吗？

他：其实是我自己没有去找机会，我却骗自己说没机会。

我见到的一个爸爸也是如此。他的女儿已经出现了心理问题，非常自闭。在咨询中，我问他："你知道女儿怎么想的吗？"他说："她又不说，我怎么知道，问她她也不说。"然后我就问："你真的想知道吗？"他说当然想。我就问："那你是否曾找方法去了解她的想法呢，除了要求她主动告诉你？"他说没有。

这是一个很有趣的现象：

人们想改变，想要一个结果。在他的幻想里，希望有一个不需要思考的、不需要花费多大力气的特别简单的方法来满足自己的需求。这个简单的方法还具有这个特点：不需要付出和冒险，他人或环境可以主动来满足自己。当这个期待实现不了的时候，他们就会困惑和迷茫。

这经常让我很迷惑，困惑于他们是否真的想改变。一方面说着对现状的不满，另一方面又不去思考和找方法。有的人说自己渴望一份好的工作，但是他却不去尝试寻找渠道找工作。有的人渴望一个好的对象，但又不花费力气思考如何找对象。他们就像是一个婴儿嗷嗷待哺，想象着如果自己改变了那该多好。

我想，**他们所谓的想改变，只是借此回避对生活的不满，并不是真的想改变。他们只是不喜欢现在的自己，但对于自己喜欢的那个自己却非常不清晰。**

实现一个目标，有再简单不过的几个步骤：

1. 做个决定，我真的决定去做。

2. 找方法，完成这个目标我有哪些直接或间接的方法。

3. 去行动，开始我的行动。

4. 直到实现。

我曾经以为这是多么朴实无华、简单到不需要表达的道理。但和一些人接触后，我发现我错了。这个道理经常会被人们弄反：

人们想要先确定能实现，然后才敢行动。知道了怎么行动，才愿意去找方法，有了方法并且确定这个方法能够实现这个目标，才愿意决定去做。

这就让人们有了一系列的纠结：我如果不能确定我一定会实现它，就无法决定去做。

其实这就是人类一直苦于不知道该怎么做，找不到方法，迷茫、困惑的一个原因：还没有决定去做。

对于学习或考研，是怕考不上而不愿意付出，还是真不知道怎么复习？对于找对象，是不愿意花费时间和精力，还是不知道怎么找？对于不知道孩子是怎么想的，是不愿意放低姿态认真去找方法，还是不知道怎么去了解他（她）的想法？对于找不到理想的工作，是不愿意花费时间和精力去找，还是不知道该怎么找？

到了最后我们才发现，"不知道该怎么做"成了"还没有准备好去做""还没有决定去做"。因为并没有下定决心去做，所以才不愿意花时间和精力去发现该怎么做。

对他们来说，现状只是痛苦而已。这个痛苦目前是可承受的。而改变，对他们来说是个非常陌生的词，为什么要改变，要改变到哪里，要做什么，有什么方法，这些都需要去思考。比起想这些麻烦的事，他们会发现还是安于现状忍受这些痛苦更好受一点。

一个人之所以不去改变，不知道该怎么做，是因为还没有下定决心改变啊。

还没有决定去做，当然不知道该怎么做。

我在北京，想去上海。我真的很想去上海，我想改变现状，我想见识外面的风景。我想了很久，只是想想，只是听说外面的风景很好，但是我还没决定去做。所以，我就拖延、等待，进入等死模式。

我也常讲这个故事：某人坐在河边，向着对岸大声地喊："亲爱的彼岸，请你过来吧，我想领略你的风光。"

人们喜欢把责任推出去，我得不到是他人的原因，是环境没有满足我。我想得到，但是环境不给我机会。然后他们又找到个更强大的理由：现实残酷，无力改变。

然而我想说的是：**现实从来都不残酷，残酷的是人类失去了改变的心理力量，形成了习得性无助的心理状态。当人们不愿意拿回心理力量、找到相应方法去改变的时候，却反过来埋怨现实残酷。这样真的很不考虑"现实"的感受。**

二

你要问自己：你真的想改变吗？你真的想要吗？你真的想实现吗，还是你想让结果自动满足你的需求？

方法就是先做好前两步，即决定和准备。决定去做，做个关于行动的决定。准备付出，你需要付出时间、精力、财力及想法。

然后开始做。你可能找了很多方法，没有一个让你满意。你可能找到了一个方法，但是执行比较难。你可能找到了一个方法并且上了路。你不需要确定百分之百能实现且不需要冒险和付出才能去做。你要去做决定，尝试找方法，然后你才能找到可以实现的那个方法。你要去思考，去花费力气。

改变最难的部分，不是去执行某个方法，而是做决定。做出关于改变的决定。这是完成从 0 到 1 的过程，是非常重要的一步。

当然，我并不是说人非要改变。当你并没有准备好改变的时候，你要对自己诚实。你要知道是自己没有准备好，而不是不能改变或没有方法改变。这会让你感觉到自己是个能自主掌控生活的人，而不是一个被生活掌控并且无力应对生活的人。

　　你当然可以不去思考如何改变。你可以尝试一下这样的练习：欧文·亚隆在团体咨询里做过一个"不愿"铃——当人们说起"我不能……"的时候，亚隆就会摇铃提醒他：把"我不能……"改为"我不愿意……"。

为了改变现状，
你愿意付出多少

一

自从身边人知道我是学心理学的之后，一些远房亲戚、许久不联系的同学就陆续找到我，问我一些关于改变的问题：我的孩子总是不爱写作业是怎么回事、该怎么办，我的女朋友总是不爱理我该怎么办。

一些朋友甚至会直接把我的联系方式推送给另外一个我不认识的人，他们上来就开始问我："你好，有什么办法能缓解强迫性焦虑症吗？""请问，怎样放下一个人？""我想知道分手后如何挽回一个曾经被你伤害过的人？"……每当这时候，我都会先问一句："你谁啊，问我干吗？"他们就会说，哦，谁谁的什么关系，听说你是学心理学的，我就想问你一个问题。

真是贫居闹市无人问，学了心理天下知。仿佛一个学心理学的，能解决天下一切难事一样。

冷漠如我，本来就没有给他们做免费咨询的义务，更何况我不知道怎么改变他们的情况，即使知道我也不能轻易说出去啊。毕竟，在他们的想象里，我是一个掌握了大量问题解决方案的人。那种感觉就是，我也错误性地以为我不是个学心理学的，而是个炼丹家。我有很多仙丹，一旦服下，所有困惑与问题都烟消云散。

提问如何改变的人背后有一个期待：你是心理学老师，知道怎样做可以变得更好，所以你应该告诉我怎么变得更好。出于礼貌，我还是会告诉他们一些非常有效的改变方法，但这些方法又会让他们失望。我提的有效方法就是：

1. 接受心理咨询。

2. 接受心理课程学习。

3. 忍着，继续纠结，并保持幻想。

你来问一个学心理学的，他给你的方法只能是这个。他们失望的点在于：果然你们心理咨询师是来骗钱的，咱俩关系这么亲近，你就直接告诉我该怎么做呗。

他们期待：我想你告诉我具体该怎么做，第一步做什么，第二步做什么，然后我按照你说的做了后，就一定能完成改变。这感觉就像是做瑜伽或健身一样，第一式，第二式，完成这些动作一个月后就可以减去二十斤，妥妥的。

但心理的改变，显然没这么直接。心理是个复杂的有机系统，哪有什么太具体的套路可循？每个人、每个问题的现状，都是过去无数经验综合而成的结果，不是一两个的方案模板就能促使人改变的。要改变，几乎需要量身定制一套方案。

二

一个人会直接开口去问另外一个人"我该怎么办"，通常是对改变有很多简单的幻想的。这个时候，我会先去跟他们讨论，为了改变，你愿意付出什么代价。

他们说自己可以付出很多，然后我顺着这个杆子就报了个价。你知道，心理咨询是很贵的。他们多数会说"那我考虑下"，潜台词就是：咱俩以前是同行啊，我以前也是干抢劫的。

找心理咨询师谈改变，当然要付出金钱。当然心理咨询不是唯一的改变途径，你也可以找其他朋友谈改变，这时候你就需要付出别的，如花费更大的力气让对方理解你的意思、承担对方不够专业的风险、用良好的态度或资源让对方愿意帮你、提供某些情绪价值等。

没有一样改变是不需要付出代价和牺牲的。这些牺牲并不只有金钱、时间和精力上的牺牲，还有潜在的和固化的牺牲。

你即使不从别人那里寻找改变的方法，只是自己摸索着改变，也需要付出很多代价。比如，安全感，改变就是打破、解构原来的模式，然后重新建构新的模式。这就意味着你要突破舒适地带，走入未知的领域。这就需要你放下安全感，敢于冒险。原有的虽然熟悉，但已不适用。只是人们在行事的时候，宁愿选择熟悉的，也不愿意选择有利的。

这像极了这个故事：某人在晚上走到树底下的时候，丢了把钥匙，于是到路灯底下找。良久寻不得，路人问他在哪儿丢的。他说，在树底下丢的。路人又问他那为何到灯底下找。该人怒斥之："你傻吗？树下那么黑，我怎么看得见，我不得到光亮的地方找吗？"

是的，灯底下更方便，但绝不是有利的选择。你想要找到结果，就必须勇敢地走到黑暗的树下，即使带着一些惶恐和不适应。

再如，耐力与勇气。你要不断去挑战自己的不适应，忍受新模式和旧模式的冲击，即使心底有些恐慌和不确信，也要坚持去克服。同样，打破安全感、承认自己的问题，也需要勇气。

还有自尊。一段时间内，你可能会感觉到自己这么做很没面子，很委屈自己。那么你可能就需要暂时放一放自尊心，脚踏实地地践行。当你抱持着自尊心而不愿意去做的时候，改变通常很难主动上来。

牺牲被动。解决任何问题，都需要自己主动去面对。可很多人的本性是，希望自己被安排。

所有的问题都是自己的问题，跟别人也有关系，但是都可以通过自己的努力来完成对现状的改善。如果你更想解决问题，那就只能放弃被动，变得主动。人们习惯于要求他人改变，总是看到别人的问题，而真正改变，需要意识到自己的问题，并主动改变。

要做的牺牲有这些，但不止这些。还有时间、精力，你得用心去学习、感受、认同、内化，而不只是读书或听别人说几个道理。必要的时候，你需要付出金钱，寻找专业服务来协助自己。

你需要花费很大力气，改变才可能会发生。注意，只是可能。

这就像你花钱报了英语班，但是你自己不努力，还是学不会。你花钱买了某本书，但是自己不读，还是不知道。报班并不等于掌握了知识。

三

心理咨询中的改变，需要付出的不仅是金钱，还有良好的态度和自我负责的决心。心理咨询师从来不改变别人，而是陪着别人等他自己改变。心理咨询师提供他能提供的，来访者提供他能提供的。改变是两个人共同完成的。这个过程就是彼此提供各自所擅长的：

心理师提供能量、支持、方法、陪伴、鼓励、监督、矫正指导和本质的探索等。

来访者提供行动、真诚、承诺、努力、实践、尝试、认可、勇敢等。

如果没有心理师的支持，人们也可以找一个类似的角色来代替心理师完成这些支持。如果那个人足够强大，也可以自己完成这些支持。

所以当来访者来做心理咨询的时候，我们会先去评估：

在跟咨询师的关系里，他愿意付出什么？

在他自己的改变里，他愿意付出什么？

然后咨询师才能评估来访者改变的动力有多大。如果这部分不够大，那就需要先去讨论他是否真的想改变。

一个人愿意牺牲及付出的程度，显示着他想改变的愿望的强烈程度。如果你想改变自己，你首先要问，自己愿意付出什么。

如果改变的愿望强烈，方法很容易就能找到。心理师做的只是陪伴他找方法，而不是给他方法。除非他自己找到了方法，不然别人给的方法很难得到他的认同。心理师永远都无法挥动魔法棒，替他去完成。

你永远无法改变一个不是真正想改变的人，正如你叫不醒一个装睡的人。我也是。

四

不想付出代价改变，是因为人在现状里还有所得。沉浸在旧有的模式里，虽然有诸多痛苦，但是起码能感受到安全、熟悉；并且有时候还可以期待他人来改变，这样自己就更不用努力了。我们把有这种表现的人叫受害者，是环境、他人把他困住了，让他期待有神的力量来帮助自己。

不想改变，是因为不想付出。所以，当我问他们"你真的想改变吗"后，根据他们的回答我会讲这样一个故事：

我真的很想从北京去上海，真的真的很想去，但是我不想花钱买车票，我不想把时间浪费在路上，我不想花精力去寻思。但你不能说我不想去，我也尝试去过，我想从小处开始改变，于是我跑步去，我跑到小区门口的时候发现要跑到上海太累了，改变太累了。于是我就放弃了努力，但我还是很想去。

你可能一直在为改变而努力，小心翼翼地为找方法而努力，就像我曾经在尝试从北京到上海时使用的代价最小的跑步的方法一样。但是如果你想用跑步的方法在不消耗体力、不消耗时间的情况下到达目的地，我想，能做到的就只有神。

而我不知道这个神在哪里。如果你知道，要告诉我，我也想去拜访下。

宇宙大系统永远是平衡的，付出才有结果。

当然，你也可以继续有这样的期待：我不想付出，但我想改变。

别让你的人生一直在一个模式里重复

一

我在课程里会教很多改变的方法，然后这个问题就一直被人重复地问：

我知道了这些方法，但是我该怎么改变呢？这些我都知道，可是我的生活依然不能自己做主，我强大的潜意识会把我拉回原来的样子。

人都是根据经验自动反应的。**道理并不能让人马上改变，但是道理可以让人在自动反应前有一点新觉知。**自动的反应少一点，人的改变就多一点。改变不是一蹴而就的，而是一点一滴进行的。你也许会觉得你还是没有改变，可是从程度上、频率上看，其实已经有了很多改变。

成长，就是从自动反应到有意识选择的过程。

二

自动反应就是无意识地选择。每当出现一个类似的或相同的情境的时候，我们的反应都是雷同的。这种自动反应也被心理学家称为防御机制。

例如，每当我丢了手机，我就会陷入抑郁，觉得沮丧，无比难过，继而挫败，觉得自己什么都做不好。每当我在工作中出错，我也会觉得自己一无是处，什么都干不好。每当我去学习的时候，总是会遇到各种各样的高手，把我比得一无是处，让我捉襟见肘，我就会觉得自己努力了这么多年，还是连人家的一半都不及。在我刚到北京的那段时间，我就是这样把自己整抑郁的。无论遇到什么挫折和困境，我都会再次证实这个我努力改变的定律：我真的很差劲。

再如，每当有人否定我，我本能地就想反驳。我会拼命解释我不是他说的那样，无论他说得对还是错。即使别人夸奖我，我也会忍不住去否定他：我没有你说得那么好。当别人指责我的时候，我二话不说，直接骂回去，而且比他狠。结果把自己气得难受，关系也慢慢地断绝了。

还有，我以前在恋爱的时候也会这样：每当她不接我电话，我的怒火就会把脑袋烧坏，然后一遍遍地打个不停，直到她手机上显示几百个未接来电，我还是坚持给她打。然后我满脑子只有一句话：分手吧。每当她表示出不够重视我的时候，我那根神经同样会被触动：没法相处了。接着我就会进行各种反击，也不接电话，继而冷战，直到她认错。我曾经就是这么斩断了几段关系，然后又埋怨人家狠心抛弃我的。很多时候我的反应不像是个男人，更像是个受惊的小孩子。

还有我一直说的敏感。有些人每次在对方表现出不够重视自己的蛛丝马迹的时候，都会有这样的自动反应，即认为对方不重视自己，继而像往常一样退缩。

经验给了我们太多便捷，也形成了这些自动反应，继而让我们的情绪释放，我们会被情绪牵着走，陷入更大的旋涡。而让我们痛苦的，恰恰也是这些过时的自动反应。

三

痛苦是一种主观感受。世界上只有客观事物存在，而没有痛苦，只有你会觉得痛苦。客观事物是不会压垮你的，除非你的应对方式与客观事物失调了。

痛苦的客观来源就是压力事件，那些让我们感受非常不好的事件。当压力源来袭时，我们会本能地调动经验里习得的模式来应对。或者讨好，或者指责，或者讲讲道理，或者否定自己，或者干脆逃避离开：这一系列的反应都是曾经为了让自己好受些才有的。如果非要追溯，就得追溯到人在6—18个月的时候建立的矛盾型或回避型的依恋关系。那时候在和作为世界的代表的父母相处的时候，我们想尽了各种方式来获得他们的关注，或者大哭，或者示弱装可怜，或者干脆放弃希望以免失望。这些最原始的方式让我们得以在父母那里获得心理营养，继而生存，然后长大。我们通过一次次使用习得的方式，时而得到他人关注，时而得不到，久而久之，这就成了自动反应。

但是社会完全不是当年的家庭，你所面对的人群也早已不是你童年及婴幼儿时期的父母。你所拥有的经验反应，已经过时了。你必须重新选择一次，要怎么去面对世界。

这也就是从自动反应走向选择性反应。

四

打破自动反应的魔咒，有个我们都知道却鲜有人去使用的简单方法：反思与觉察。

反思就是对思维的思考，对认知的认知。有人称之为元认知、心智化；也有人区分反思与觉察，反思就是心智化的过程，觉察就是反思主体跳出来看自己在内心里和他人的对话，做自己的旁观者。要是区分这些概念，我可能会把自己折磨死，所以我统一称之为觉察了。

当我做错了事的时候，我会把自己推向无边的黑暗，自动反应就是跟随着我的情绪进入了这个惯性思维的圈子，一步步通过自动化思维来否定自己。觉察就是我跳出这个圈来，看着自己：我为什么要难过？难过是怎么发生的？我是怎样把自己放到这个惯性思维的圈子里的？

当我对某人感到气愤不已的时候，我会越想越生气，越生气就越觉得这个人有问题，越觉得有问题就越对这段关系感到绝望。觉察就是我在此刻停一下，站到更高的位置来审视：我为什么要愤怒呢？

这听起来像是：某人在宾馆里喊了一句"老李，你闺女又和别人打架了"。然后我自动地、习惯性地就往楼下跑，为了能尽早到达楼下，我加快了脚步。但是跑到一半时，我停了停脚步，想：不对，我不姓李。然后我又想：管不了那么多了，又被经验里"我要努力"的想法拉着往下跑。我转念又一想：不对，我没闺女啊！然后我还是控制不住地觉得应该先去看看发生了什么。可我又一想：不对，我还没结婚啊……

五

觉察就是：停一下，问自己怎么了，为什么要这样？

当被气得难受的时候，自动反应就是冷战。觉察就是：为什么一吵架我就要冷战？我到底想要什么？

有这一刹那，就说明你开始了新的认知之旅。

这是真的吗？我只能这样吗？这是我想要的结果和打算采取的方式吗？这样我能达到目的吗？在以往的经验里这样做达到过目的，但是长大后发现，100 次里已经有 90 次都是失败的。接下来就是更艰难的过程：

选择。如果往自动售货机投币，它不能百分之百地给我出来一瓶可乐的话，除了像以前一样骂它浑蛋外，我还可以选择去商店购买。因为在商店，我给人钱，他百分之百会给我一瓶可乐。这就是换种方式。我也可以选择喝水不喝可乐，或者换台售货机，总之，方法有很多。只是我的习惯性反应就只认那一台售货机和那一瓶可乐，但我的目的其实只是解渴。

怎么做会更好，这里可选择的路就多了。无论什么事只要随便一想，都可以得到很多。

觉察就是这样一个打破自动反应的魔咒。然而觉察的过程必然是痛苦与艰难的，以至于我们常常忘记，又中了自动反应的毒。这个痛苦就是适应。

适应的过程是痛苦的，却也是积极的。清王朝早期的士兵都是弓马娴熟的善战之兵，皇家子弟及士兵们每日早早就要起床训练，骑马、射箭、舞刀、弄剑，样样厉害。后来西方有传教士入境，带来新式武器——枪炮。然而清兵并不适应这个新鲜玩意儿，于是将其束之高阁，采用他们已经习惯了几百年的战斗方法。不愿选择新的战斗方法，最终在后来与西方列强的战斗中一败再败，清王朝继而灭亡。适应一种新的模式如同适应一个新的工具一样，你会觉得极其不习惯，但还是要适应。

你不需要要求自己在面对压力情境时即刻做出觉察：此刻，我该怎么做？你只需要在做了的时候，多一个觉察，别再让它继续恶化，别再越来越远离你的本意。然后给自己几个选择：我是要继续、停止，还是换种方式？然而无论哪种选择，都对应着相应的责任，你选择，你负责。

六

成长就是自由。

自由就是当面对压力情境时，我可以不再被潜意识里的恐惧推着自动反应。我可以做自己的主人，来决定如何应对情境。觉察会让我们体验到存在，而不再被外界的事物湮没和分解。那一刻，我们成了自己的主人。

螺旋向上：
一个人的改变是怎样发生的

一

心理学到底能不能改变一个人，我也无法给出一个定论，而且很长一段时间内都对这个问题感到无比迷茫。在当前的市场上，充斥着大量的心灵鸡汤、成功学理论、成长课程、蜕变训练。很多人在接触了这些东西后，大受触动、感染，感觉像掌握了人生的真理一样，发誓要洗心革面，重新做人。但是……

接下来和你们所想的一样，该彷徨还是会彷徨，该怎样还是怎样。要么痛苦没有减轻半分，要么断章取义地走向了另外一个极端。所以，很多人对心理学望而生畏：这些人怎么越学心理学毛病越多呢？如果心理学真的有用，为什么没有把他改变呢？

但你不能说心理学对人毫无改变，甚至不能说一个人的改变是不可能的。国内很多心理师半道出家，班门弄斧，在对心理学一知半解的时候就开始传播心理学，结果心理学在一些人心目中的形象就成了这样。其实改变，和心理学可以有关，也可以无关。因为心理学只是改变的一个渠道，应用得好就可以改变人，应用得不好就会使问题越来越严重。就算不应用心理学知识，改变依然可以发生：一部电影、一本书、一个人、一门学科，甚至一句话都会改变一个人。或者说，改变人的不是心理学或其他刺激，而是人的内在自我。

改变，说到底就两个东西：先解构，然后重新建构。

二

所有的改变最后都将以思维改变的方式体现出来，即最终都是以改变你对世界的态度的方式呈现出来，你坚信的价值观和看待问题的视角、思维方式发生了改变，也就是常说的"想开了"。更简单地说，就是你把习得的这些道理内化到你骨子里，并把它应用到生活中，但绝不是你在头脑里知道了这些道理就可以内化到你骨子里的，也就是只通过想是难以想明白的。心理咨询看起来是"让人想开了"，但它绝不是简单地让咨询师说几句道理。它需要经历三个阶段：

顺从。 当大家都说你有问题时，你也意识到自己或许有问题。为了表现得不那么异常，你会顺从某些道理而生活。比如，人不应该生气，人应该有礼貌，人应该努力、勤奋等。至于你的内心是否真的想这么做，那就不一定了。所以，你会用拖延、忧伤、暴脾气来应对对自己的不满。拖延就是意识想干，但潜意识不顺从而发展出的策略，忧伤就是把自己弄得没力气来逃避去做，暴脾气就是想把不想做的事推给别人。

认同。读到一句话，掌握了某个道理的时候，你若有所思，好像是那么回事。从逻辑上讲，你认同了这个道理，并决心去实践。但你整个经验体系及庞大的潜意识系统并不认同，所以你在执行的时候，会遇到很多挑战，这些挑战与你的经验体系是冲突的。所以，你本能地就会选择听从经验的指挥自动反应。然后意识又反过来指责自己：我痛苦，是因为我没做好，我没实践这些道理。

内化。认同必须上升到内化的阶段，让你的整个人、整颗心、整个有机系统都认同这些道理，让它替代你的经验，完成价值观的彻底换血。

这是社会心理学家 H.C.凯尔曼（H.C.Kelman）提出的价值内化的三个阶段。很多心理学的课程、成功学的理念都让人停留在了第二个阶段，而没有进一步巩固，所以才让改变失去了效果，让人成为"道理懂得一堆、改变没有一点"的人。

三

真的改变，需要经历的过程较为漫长和复杂，但并不是不可能的。无论是解构还是重构，都是个力气活。如果你认为一次性改变和短时间改变才是真正改变，那改变几乎就是不可能的了。实际上，在维吉尼亚·萨提亚看来，一个人的改变需要经历这些才能完成：

1. 现状的失衡。

也就是现在的状态，可能有些失衡，工作、情感、关系、心理状态等方面出了点问题，让你感到有些彷徨，想寻找新的平衡。这时候你会刻意去寻找改变。请注意，如果你没有失衡，安于现在的状态，改变通常是较为困难的。因为改变是打破现在的状态，重新构建平衡的过程。如果一个人本身现在就感觉很平衡，那么打破就是困难的。因此，我们常说：对于一个不想改变的人，改变是非常困难的。

2. 外来因素的刺激。

外来因素可能就是一堂课的刺激，心理师的一次点拨，书里的一句共鸣，他人的一个警醒，等等。这些外来刺激的作用，主要是打破系统的平衡，冲击原来的价值体系，尝试对你进行解构。但是这个刺激只有触动到你才叫刺激，也就是与你潜意识里根深蒂固的经验思维产生碰撞和冲突。你坚持了几十年的思考方式居然和这个外来刺激呈现的方式不一样，而且你的逻辑告诉你，它说得好像还很有道理。你的内心像平静的湖面突然落下了一块石头一样，惊起了一点波澜。在这个阶段，你开始尝试接触外来刺激，并尝试认同它。就像抓住了一个可以救命的宝盒一样，你企图打开宝盒一看究竟。于是，外来因素企图从意识进入潜意识。

3. 混乱。

如果你的心像冰山一样，那么你将经历的就是一团火焰。我在做课程的时候，经常会有学员分享"感觉以前的经验轰然倒塌，觉得有些失意，无依无靠"这样的感受。通常我会恭喜他们，因为他们进入了混乱阶段。混乱就意味着外来因素被认同后，你开始尝试内化。混乱就像体内植入的某个元素一样，需要经历一段时间的排异反应，最后完成内化。混乱有时候是痛苦的，当你发现你以前惯用的那些方法都不再起作用，当你发现通常争吵、冷战、自卑、逃避等方式都对解决问题毫无益处时，你需要建立新的方式才能完成自己想要的结果。一方面，你想用你习惯的安全方式来应对；另一方面，你又明白了其实你可以通过另外一种途径来做。你纠结于到底该怎么做，你挣扎于要不要那么做。那种感觉，不亚于先把方便面干吃下去，然后又喝了一杯热水，最后干吞调料，在肚子里搅和下。虽然你期待泡面的味道能上来一点，但是那个搅和的滋味一点都不好受。混乱也未必都是痛苦的，当你现状的痛苦程度大于混乱的痛苦程度时，你能感受到微微的幸福。因为新元素的刺激，至少给你一棵救命稻草的感觉，让你看到了希望而感到一丝甜美。

4. 整合。

在经历了复杂的心理斗争后，你才开始去整合。通过对旧有的经验和新的思维模式进行加工，使之成为自己新的价值体系。这个新价值体系就像是一个新生婴儿，让你看到一丝曙光，感觉到有些安详，像是重生了一样。你将重新去看待周围，重新去生活。并不是所有整合都是成功的，你很可能会失败。然后你的潜意识又把外来元素排斥出去，让它回到意识的大脑里。你在意识上知道这些道理，但是潜意识并不认同，于是你只是顺从或认同这些道理，而没有内化。整合就是重新建构自己的价值体系。

5. 练习与实践。

然后你开始去滋养这个新生儿，让它慢慢地在社会生活里学会适应、长大，直到它像原来的经验体系一样庞大，你就完成了重生，有了全新的价值体系。

四

若我们把改变的过程肢解一下，其实会发现它是可能的。只是它不是一步到位的。 经历混乱的时候，必然有些外来因素的刺激被潜意识排斥出去，只剩下一小部分，而你只能内化一小部分，整合到新的现状里的并不全是新的元素，而是大部分旧有的元素与小部分新的元素的融合体。但是当你回首，你会发现你已经进步了一点点，然后你会在新的现状里再接受新的刺激，再混乱，然后整合，再去实践。如此一步步前行。

改变，是个螺旋向上的过程。 螺旋向上就是：在你接收到新刺激而感到振奋的时候，你以为前进了十步，你在一小段时间内感觉良好，完全按照新学习的模式来行事，但是那都是表象，是你因为认同而让自己强制执行这些行为，并不是内化。内化需要你经历混乱和新的整合才能完成。而在这两个阶段，你旧有的经验就会把你拉回九步，于是你会有这种感觉：没什么用，又回去了。这个回去只是跟你接受完新的刺激的那段时间比，但是跟你旧有的状态比，你还是有所进步的。

这就是螺旋向上的改变，因为新刺激暂时进十步，因为混乱与整合退九步，新的现状就只比旧的状态进步了一步。

而有时候进步的这一步，外人甚至自己都是难以觉察的。如果你期待一个人学了心理学，就有了一百步的变化，像变了一个人一样，那你对他的观察就没有任何改变。很可能只是它停止了成长的步伐，固守在新形成的模式里而没有继续接受新刺激，继续混乱、整合。只进步了一步就沾沾自喜，而这个沾沾自喜又会阻碍他的前行。

所以改变，就是一步步来的，急不得。

这也是成功学、保险公司的培训等不断做的事情：持续给你新的刺激。而我们没有强制体系的时候，就要主动去寻求新的刺激，不断学习、成长，混乱、改变。

但这起码是可能的。于是，剩下的问题就回归到我一直会强调的两个问题上了：

你想改变吗？

你想付出多大的代价来改变？

你可以先回答这两个问题，然后再去考虑要不要改变现在的自己。

怎样改变他人

一

人到底能不能改变他人？这是一个问题。

无论你主观上想不想改变他人，你都在某种程度上尝试着改变他人。比如，愤怒、受伤，这是想让他人改变的典型表现。看不惯、鄙视、受不了，这些情绪也是如此。

无数人在生活中受伤、感到挫败、愤怒、看不惯，这些情绪大都来自改变他人的失败，或者产生了改变他人的心。于是心灵鸡汤学家通过教人"人不能改变他人，但可以改变自己"来完成自我安慰，甚至有时候需要强迫自己改变，来适应他人。

我赞同后半句，人应该改变自己，因为你受不了他人的问题，你要求他人改变，终究是自己的问题。他人没有满足自己、不符合自己的价值观而让自己产生了不愉悦，不就是自己的问题吗？他人没有把刀架在你脖子上威胁你，所有的痛苦不过是自己根据自己的经验产生的一系列心理活动，是自己根据现象做出反应的这一系列心理活动让自己痛苦的。敢于改变自己的人是不会这么执着于痛苦的，他能看到自己的模式，能够自我满足，能够允许他人和自己不一样，能博爱众生，兼济天下，与人为善，笑对人生。这是修养和境界。

有修养的人是不需要改变他人，而不是不能改变他人。

二

人是可以改变他人的。人只要设立一个目标，往极端了说总是可以通过努力找方法达到的。人类史上太多看似不可能的事情，都被人类做到了。就连"找到一张只有一面的纸"和"想出一只既死又活的猫"都被德国数学家莫比乌斯和奥地利理论物理学家薛定谔做到了，还有什么不能呢？

用对了方法，人是可以改变他人的。如果你不能，我觉得你需要去检查下你所用方法的可行性。

在惯性里，人们喜欢用这样的方式来改变他人，虽然失败了无数次，但很多人依然乐此不疲：

指出他人的错误和问题，期待他主动改正。说他这不好、那不对。但是具体怎么做是对的呢？有时候他们自己也不知道，就是喜欢说他不好和不对。

用惩罚的方式来期待他改变。你不改，我就用生气、伤心、绝交、看不惯等方式来惩罚你。

这些方法经常被使用，却很少被反思。人通过指责和惩罚的方式怎么能改变他人呢？你能改变的只是在乎你的人，他们因为怕失去你、怕你生气而委屈自己满足你，那并不是真正的改变。而在乎你的人你还要这么折磨他，那你会失去越来越多的人的。

三

当你想改变一个人的时候，你是觉得他这样不好、不够好、错了。总之，就是不符合你的期待。你发现了他的问题，你希望他自己更好或对你更好。你采取了最直接的方法：指出他的问题。可是上帝不偏爱这种直接，越是看起来简单、容易的方法越是不能够达到目的。当你指出一个人的问题的时候，首先他未必同意你，因为你们看待问题的视角、经验都不一样。其次他即使同意了你的观点也未必愿意改，因为你指出他的错就意味着否定了他，被否定的感觉是很难受的。圣人以外的人宁愿不承认自己的错误，也要拼命维持自己的自尊和价值感。因此，你失败的概率就比较大。

他没有改变，导致你指出错误的行为失败，你就启动使用惩罚手段来要求他改变的策略。惩罚分为主动性惩罚和被动性惩罚。

主动性惩罚即通过伤害他人的方式来改变他，想把改变的意志强加给他。例如，生气、愤怒、抱怨、看不惯、报复、怨恨、说教等。他不改变，你就用强大的力量摧毁他、报复他、打击他，让他知道他不改变的结果就是你很生气。然后，你期待，他在看到你有情绪后就能意识到自己错了，能够主动改变。

被动性惩罚即想通过自我受伤的方式来威胁他。例如，委屈、受伤、自残、绝交、分手、离开、冷战等。他不改变，你就折磨自己。通过冷暴力的方式折磨他，你要他知道，他不改变的结果就是你很受伤，这样你就可以引发他的同情和内疚，来实现让他改变的目的。这也是对他的惩罚。直到他意识到自己错了，回到第1条；或者你们的关系破裂；抑或你这次放弃了改变他。

然而经验表明，似乎你无论怎么使用指错和惩罚的方式，都难以让他改变。所以，为了保护自己，你才会渐渐摸索到这个道理：人不能改变他人。

四

北风曾经和太阳打赌，看谁能把农夫的棉袄脱下来。北风通过惩罚的方式，失败了；太阳通过温暖的方式，赢了。

铁棍和钥匙打赌，看谁能把锁打开。铁棍通过强迫的方式，很费力气。钥匙轻轻一扭，锁就被打开了。于是，铁棍得出了一个结论：改变一个人，太难了。钥匙却说：那是因为你不懂他的心。

改变一个人就是如此，你通过温暖、懂得的方式，就可以改变他。你通过尊重、倾听来理解他，与他的心产生连接，用爱、关注、懂得、温暖的方式来满足他的渴望，从他的内心深处帮助他看到自己的问题，然后陪伴他一起成长，他的行为就改变了。

因此，改变不是指出他的问题，而是走到他的世界里去跟他一起发现问题，然后教会他怎么发现问题。改变可以经由爱自然地发生，却难以经由惩罚轻松地发生。

这个道理很简单：种瓜得瓜，种豆得豆。种下爱就会收获爱，种下指责和冷战就会收获背叛和离开。种下看不惯怎么可能收获他人的改变？反过来说就是：种下自己的改变，收获他人的改变。

五

自己的改变就是改变自己的行为模式和满足内心渴望的方式。

第一，承认自己想改变他的心。你的态度里含有他不好、他有错的意味的时候，通常你有一颗想改变他的心。你需要接纳并承认自己想改变他——虽然有时候你觉得没必要，甚至会觉得不可能。这些都是你的观点，你观点里的没必要和不可能并不影响你有这样的期待。你想改变领导、朋友、环境。这些都是你内心无助的时候期待他人改变来满足自己。

第二，看看你为什么想改变他。如果他改变了，能满足你的哪部分需求。通常人们会要求他人改变，来自两个原动力：一个是他人改变了，就可以来满足我了，就可以给我更多的爱和认同，他不再是这样的性格了，就代表认同了我的价值观；另一个是他人改变了，我就不用改变了，我就不用证明自己有问题了。

第三，做选择。你是否依然要改变他。如果你觉得可以换种方式来满足自己，照顾好自己的渴望，那么他不改变你也可以做到，你就是自由的，你的心情就不依赖于他人的改变与否、满足与否。如果你依然决定要求他改变来满足自己，那么你就要选择换个方式。如果你单纯地希望他好，希望他可以改变，你也要换种方式。

第四，停止通过指出错误和惩罚来要求他人改变的行为。那些愤怒、受伤、看不惯的方式都不能有效改变他人，以前的这些经验是无效的，因此你第一步要做的就是停止。

第五，用温暖的方式，走进他的心里，触摸他内心的脆弱，和他产生内心的连接，陪伴他，跟他在一起发现问题，尊重并认可他的人格。帮助他，但没有半点否定和看低。发现问题，没有态度上的责备和批评，只是为了他更好。

六

当然，你要帮助他人发现自己的问题，首先自己得是一个能发现自己问题的人，也就是你首先要具备自我反思和自我觉察的能力。

总之就是说，你把这三个问题弄清楚了，你就可以改变他人了：第一，你想改变他吗？第二，你为什么想改变他？第三，你要选择什么样的方法来改变他？

然后，不要说你不能或这不能，只有你愿不愿意。当然，如果你固执地要用惩罚这种看起来最简单的方式，也是可以的。你和上帝愿意就好，不关我的事。